陈铁山　主编

电子电工职业技能
速成课堂
元器件识别与检测

U0293779

化学工业出版社

·北京·

本书以帮助读者熟练掌握电子元器件的识别与检测为目的，通过模拟课堂的形式系统介绍了电子元器件的种类及功能、器件检测工具及拆装、元器件识别与检测、元器件故障检修实训等内容。本书还精选了元器件检测实操实例进一步说明元器件的具体识别检测步骤、方法、技能、思路、技巧及要点点拨，以帮助读者达到快速、精准掌握元器件识别与检测的目的。

本书可供电工、电子技术人员、电器维修人员等学习使用，也可作为职业院校、培训学校相关专业的教材或参考书。

图书在版编目（CIP）数据

电子电工职业技能速成课堂·元器件识别与检测/陈铁山主编. —北京：化学工业出版社，2018.1
ISBN 978-7-122-31053-8

Ⅰ.①元…　Ⅱ.①陈…　Ⅲ.①电子元器件-识别②电子元器件-检测　Ⅳ.①TN6

中国版本图书馆CIP数据核字（2017）第288728号

责任编辑：李军亮　　　　　　　　　　文字编辑：陈　喆
责任校对：宋　夏　　　　　　　　　　装帧设计：刘丽华

出版发行：化学工业出版社（北京市东城区青年湖南街13号　邮政编码100011）
印　　刷：三河市航远印刷有限公司
装　　订：三河市瞰发装订厂
710mm×1000mm　1/16　印张14¾　字数306千字　2018年2月北京第1版第1次印刷

购书咨询：010-64518888（传真：010-64519686）　售后服务：010-64518899
网　　址：http://www.cip.com.cn
凡购买本书，如有缺损质量问题，本社销售中心负责调换。

定　　价：48.00元　　　　　　　　　　　　版权所有　违者必究

电子元器件包括元件和器件，是电子工业产品的最重要组成部分。元器件识别与检测是电工、电子技术人员、电器维修人员等所必须要掌握的基本知识与技能。但目前随着电子技术的发展，电子产品的功能越来越先进、内部的结构组成也越来越复杂，这对产品开发人员以及维修人员来说充满了技术上的挑战。针对这一现象，我们组织相关人员编写了本书，内容将实践经验与理论知识进行强化结合，以课堂的形式将课前预备知识与维修技能技巧、课内元器件专讲、专题训练、课后实操训练四大块作为重点，将复杂的理论通俗化，将繁杂的检修明了化，建立起理论知识和实际应用之间的最直观联系。让初学者快速入门和提高，弄通实操基础，掌握元器件识别和检测的实操方法和技能。

本书具有以下特点：

课堂内外，强化训练；

直观识图，技能速成；

职业实训，要点点拨；

按图索骥，一看就会。

值得指出的是：由于生产厂家众多，各厂家资料中所给出的电路图形符号、文字符号等不尽相同，为了便于读者结合实物维修，本书未按国家标准完全统一，敬请读者谅解！

本书在编写过程中，张新德、张新春、刘淑华、张利平、陈金桂、刘晔、张云坤、王光玉、王娇、刘运和、陈秋玲、刘桂华、张美兰、周志英、刘玉华、张健梅、袁文初、张冬生、王灿、张泽宁等同志也参加了部分内容的编写、翻译、排版、资料收集、整理和文字录入等工作。

由于编者水平有限，书中不足之处在所难免，敬请广大读者指评指正。

编者

目录

CONTENTS

第四讲／元器件故障检修实训

第一讲

电子元器件种类及功能

一、电阻器

电阻器是用电阻材料制成的、有一定结构形式、能在电路中起限制电流通过作用的两端电子元件，其在电路中的主要作用是用来调节和稳定电流、电压和匹配负载的。电阻的单位是欧姆，用符号"Ω"表示。电阻其他单位的换算关系：$1M\Omega = 1000k\Omega$，$1k\Omega = 1000\Omega$。$1G\Omega$（千兆欧）$= 10^9\Omega$，$1T\Omega$（兆兆欧）$= 10^{12}\Omega$。以下按电阻器的几种分类方法介绍电阻器的功能简介如下：

1. 按用途分类的几种电阻器

（1）通用电阻器。这类电阻器又称为普通电阻器，功率一般在 $0.1\sim10W$ 之间，电阻器的阻值为 $100\Omega\sim10M\Omega$，工作电压一般在 $1kV$ 以下．可供一般电子设备使用。

（2）精密电阻器。这类电阻器的精度一般可达 $0.1\%\sim2\%$，箔式电阻器的精度较高，可达 0.005%。电阻器的阻值为 $1\Omega\sim1M\Omega$。精密电阻器主要用于精密测量仪器及计算机设备。

（3）高阻电阻器。这类电阻器的阻值较高，一般在 $1\times10^7\sim1\times10^{13}\Omega$ 之间，但它的额定功率很小，只限用于弱电流的检测仪器中。

（4）功率型电阻器。这类电阻器的额定功率一般在 $300W$ 以下，其限值较小（在几千欧以下），主要用于大功率的电路中。

（5）高压电阻器。这类电阻器的工作电压为 $10\sim100kV$，外形大多细长，多用于高压设备中。

（6）高频电阻器。这类电阻器固有的电感及电容很小，因而它的工作频率高达 $10MHz$ 以上，主要用于无线电发射机及接收机。

2. 根据制作材料的不同分类的几种电阻器

（1）碳膜电阻器。碳膜电阻器（见图 1-1）是应用最早的一种薄膜电阻器，是用有机黏合剂将碳墨、石墨和填充料配成悬浮液涂覆于绝缘基体上，经加热聚合而成。主要职能就是阻碍电流流过，应用于限流、分流、降压、分压、负载与电容配合作滤波器等。碳膜电阻成本较低，电性能和稳定性较差，一般不适于作通用电阻器；但由于它容易制成高阻值的膜，所以主要用作高阻高压电阻器，其用途等同高压电阻器。

（2）金属膜电阻器。金属膜电阻器（见图 1-2）是膜式电阻器（Film Resistors）中的一种，采用高温真空镀膜技术将镍铬或类似的合金紧附在瓷棒表面形成皮膜，着膜于白瓷棒表面，经过切割调试阻值，以达到最终要求的精密阻值，然后加以适当的接头切割，并在其表面涂上环氧树脂密封保护而成。金属膜电阻器提供广泛的阻值范围，有着精密阻值，公差范围小的特性，主要应用在对电阻阻值要求较高的场合。

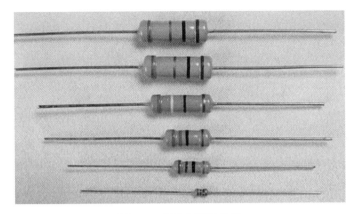

图 1-1　碳膜电阻器外形

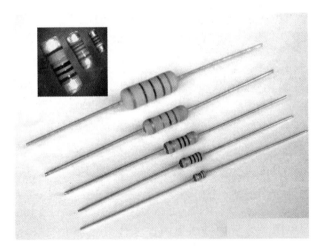

图 1-2　金属膜电阻器

（3）实心碳质电阻器。实心电阻器（见图 1-3）可分为有机实心电阻器和无机实心电阻器两种。有机实心电阻器是由颗粒状导体（如炭黑、石墨）、填充料（如云母粉、石英粉、玻璃粉、二氧化钛等）和有机黏合剂（如酚醛树脂等）等材料，经专用设备热压成型后装入塑料壳内制成的，具有较强的抗负荷能力。无机实心电阻器是由导电物质（如炭黑、石墨等）、填充料与无机黏合剂（如玻璃釉等）混合压制成型后再经高温烧结而成的，其温度系数较大，但阻值范围较小。

（4）绕线电阻器。线绕电阻器是用康铜、锰铜或镍络合金丝在陶瓷骨架上绕制而成的一种电阻器，表面有保护漆或玻璃釉（见图 1-4）。这种线绕电阻器的特点是耗散功率大，可达数百瓦，主要用作大功率电路中作降压或负载等用（能工作在 150～300℃温度的环境中）。另外，由于结构上的原因，其分布电容和电感系数都比较大，不能在高频电路中使用。

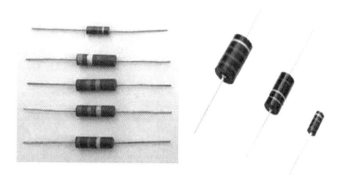

图 1-3　实心电阻器外形

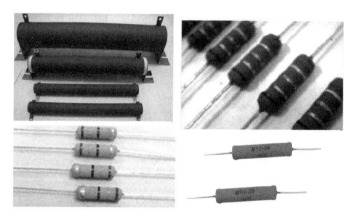

图 1-4　绕线电阻器

（5）玻璃釉膜电阻器。玻璃釉膜电阻器又称玻璃釉电阻器、金属陶瓷电阻器或厚膜电阻器，是将金属氧化物（如银、钯、锡、锑等）和玻璃釉电阻浆料用黏合剂混合后，涂覆在陶瓷骨架上，经高温烧结而成的一种电阻器。该电阻器的特点是能耐高温，阻值范围较宽，温度系数较小，既能制造成一般的电阻器，又能制造成精密的电阻器，应用范围较广泛，主要应用在高功率设备、高可靠性的电路中。

玻璃釉膜电阻器除了普通型以外，还有精密型玻璃釉膜电阻器。在外形结构上常见的有圆柱形及片状两种形式，如图 1-5 所示。图中圆柱形的色环标志：黄色色环和白色色环取代金色和银色色环，以提高高压工作性能；精度色环之后的白色色环作为玻璃釉膜电阻的特殊标志，用于区别玻璃釉膜电阻器。

（6）水泥电阻器。所谓水泥电阻就是用水泥（其实不是水泥是耐火泥，这是俗称）灌封的电阻器（见图 1-6），即将电阻线绕在无碱性耐热瓷件上，外面加上耐热、耐湿及耐腐蚀之材料保护固定并把绕线电阻体放入矩形瓷器框内，用特殊不燃性耐热水泥充填密封而成。水泥电阻器也是一种绕线电阻器，具有体积小、耐震、耐湿、耐热及良好散热，低价格等特性，广泛应用于电源适配器、音响设

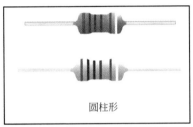

圆柱形

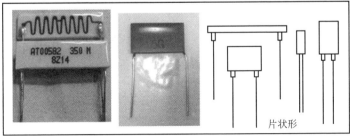

片状形

图 1-5　玻璃釉膜电阻器的外形

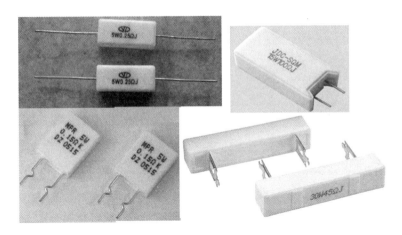

图 1-6　水泥电阻器的外形

备、音响分频器、仪器、仪表、电视机、汽车等设备中。

（7）保险电阻器。保险电阻器又名熔断电阻器、安全电阻，是一种具有电阻器和熔断器双重作用的特殊元器件。正常情况下，保险电阻器具有普通电阻降压、分压、耦合等多种和同样的电气特性，当电路负载发生短路故障、出现过电流时，保险电阻器的温度在很短的时间内就会升高到 $500\sim600℃$，这时电阻层便会受热剥落而熔断，从而保护电路中其他元器件免遭损坏，并防止故障的扩大。

保险电阻器用符号"F"表示，形状如同贴片电阻器，有的像圆柱形电阻器，主板中常见的是贴片保险电阻器，接口电路中用的最多。保险电阻器一般都是用在供电电路中，此电阻器的特性是阻值小，只有几欧，超过额定电流时就会烧坏，在电路中起到保护作用。保险电阻器的形状有多种，既有像普通电阻器的，也有

类似普通电阻器状的保险电阻器

这类形状的保险电阻器常用在一些低档的主板上和光驱及显示器中。其形状和普通电阻器类似，颜色一般为绿色，有些上面标有电流值(如1.1A/2A),有些用一道色环标注

类似二极管或磁珠状的保险电阻器

这类保险电阻器的外形类似整流二极管，整体为黑色，只是没有二极管的极性标注用的白色环。表面一般标注其电流的大小，如1.5A字样。这种保险电阻器通常用在计算机的光驱、主板的键盘/鼠标接口电路中

白色小方块状的保险电阻器

这类保险电阻器的外形类似贴片电解电容器，不过其颜色为白色，表面标注最大电流的大小，如400mA，表示其通过的最大电流为400mA

线绕型保险电阻器

这类保险电阻外形类似线绕电阻器，线绕型保险电阻器的阻值较低，适用于大电流情况下工作

保险电阻器可以是绕线式，但绕线式的就不一定是保险电阻器

银白色金属状

这种保险电阻器常见于主板上，用于USB接口供电电流较大的外设电路中

灰色扁平状的保险电阻器

这类形状的保险电阻器类似扁平形状的贴片电感器。其上有标注字符，如LF110字样，一般在主板、笔记本电脑的9针串行通信接口、25针并行通信接口、显示器外接接口中

绿色扁平状的保险电阻器

这类保险电阻器是现在常用的保险电阻器。其上一般有电流标注，如×26、×15等字样，分别表示其电流为2.6A、1.5A

图 1-7　几种常用保险电阻器

其他形状的，如图 1-7 所示。

（8）排电阻器。排电阻器又称网络电阻器、集成电阻器，简称排阻，就是将多个参数完全相同的电阻器集中封装在一起，组合制成的一种复合电阻。排电阻器通常都有一个公共端（将它们的一个引脚都连到一起，作为公共引脚，其余引

脚正常引出，所以如果一个排电阻器是由 n 个电阻构成的，那么它就有 $n+1$ 只引脚，一般来说，最左边的那个是公共引脚），在排电阻器表面用一个小白点表示。排电阻器的外观颜色通常为黑色或黄色，如图 1-8 所示为排电阻器的外形。

图 1-8 排电阻器的外形

排电阻器有单列式（SIP）和双列直插式（DIP）两种外形结构。排电阻器是通过在陶瓷基片上丝网印制形成电极和电阻并印有玻璃保护层。有坚硬的钢夹接线柱，用环氧树脂包封。适用于密集度高的电路装配，如军用、航空、航天、兵器、船舶等各重点工程用电源、电路及仪器仪表中；民用电器方面，可用于电视机、立体声、收音机、录音机、电子调谐器等；工业方面，可用于汽车收音机、自动售货机、复印机、电子测距仪、终端机等；数字电路，可用于计算机、数控仪、存储器等各种数字仪器。

（9）表面安装电阻器。表面安装电阻器又称无引线电阻器、片状电阻器，俗称贴片电阻器（SMD Resistor），是金属玻璃铀膜电阻器中的一种，是将金属粉和玻璃铀粉混合，采用丝网印刷法在基板上印制成的电阻器，主要适用于厚、薄膜集成电路及微型外贴元器件电路，如有贴片熔断电阻器、贴片排电阻器等。

贴片熔断电阻器在电路中起到熔丝的保护作用，一般串联在某单元电路的供电支路中，当流过该电阻的电流超过一定数值时，其电阻层快速熔断，切断该单元电路的供电源，避免故障扩大化。该类电阻器的阻值标注多为"000"或"0"，其正常电阻值为 0Ω。贴片熔断电阻器是贴片电阻器中的一个特殊类型，出于电路安全考虑，不宜换用普通贴片电阻器，或用导线短接。

图 1-9 贴片排电阻器

贴片排电阻器是另一类型的贴片电阻器（见图 1-9），用于集中使用相同阻值电阻器的电路中，如 MCU 引脚的上拉电阻器，即在 MCU 的接口电路中应用较多。最常见的贴片排电阻器有：4 引脚 2 元件贴片排电阻器，8 引脚 4 元件贴片排电阻器，和 10 引脚 5 元件贴片排电阻器，分别表示内含 2 只、4 只或 5 只阻值相同且相互独立的电阻器，如某 8 引脚 4 元件贴片排电阻器标注为"472"，表示该排电阻器内部含有 4 只阻值为 4.7kΩ 的贴片电阻器。

表面安装电阻器主要有矩形和圆柱形两种形状，如图 1-10 所示。

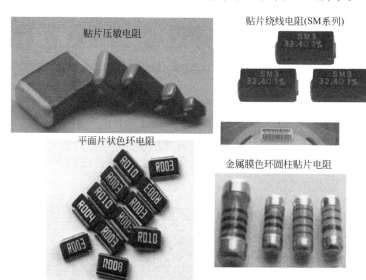

图 1-10　贴片电阻器的外形

矩形表面安装电阻器主要由陶瓷基片、电阻膜、保护层、金属端头电极四大部分组成。陶瓷基片一般采用 96％的三氧化二铝陶瓷制作；电阻膜通常用由 RuO_2 组成的电阻浆印制在基片上，再烧结而成；覆盖在电阻膜上的保护层一般采用玻璃浆材料印制后再烧成釉；金属端头电极由三层材料组成：内层（即接触电阻膜的部分）采用接触电阻小、附着力强的 Ag-Pd 合金；中层为 Ni，主要用来防止端头电极脱离；外层是由 Sn 或 Sn-Pd 或 Sn-Ce 合金组成的可焊层。

圆柱形表面安装电阻器是在高铝陶瓷基体上涂上金属或碳质电阻膜，而后再在两端压上金属电极帽，用刻螺纹槽的方法确定电阻后再刷一层耐热绝缘漆并在表面喷上色码标志而成。

二、电位器

电位器（见图 1-11）是可变电阻器的一种，它具有三个引出端、阻值可按某种变化规律调节的电阻器，广泛用于电子设备，在音响和接收机中起音量控制作用。电位器既可作三端元件使用也可作二端元件使用（后者可视作一可变电阻器），由于它在电路中的作用是获得与输入电压（外加电压）成一定关系得输出电

图 1-11　电位器的外形

压，因此称为电位器。电位器通常由电阻体和可移动的电刷组成，当电刷沿电阻体移动时，在输出端即获得与位移量成一定关系的电阻值或电压。

电位器在电路中的主要作用有以下几个方面：①用作分压器：电位器是一个连续可调的电阻器，当调节电位器的转柄或滑柄时，动触点在电阻体上滑动。此时在电位器的输出端可获得与电位器外加电压和可动臂转角或行程成一定关系的输出电压。②用作变阻器：电位器用作变阻器时，应把它接成两端器件，这样在电位器的行程范围内，便可获得一个平滑连续变化的电阻值。③用作电流控制器：当电位器作为电流控制器时，其中一个选定的电流输出端必须是滑动触点引出端。

三、电容器

电容器简称为电容，是一种能储存电荷的容器，由于电荷的储存意味着能的储存，因此也可说电容器是一个储能元器件，确切地说是储存电能。它是组成电子电路的主要元件，在电子设备中充当整流器的平滑滤波、电源和退耦、交流信号的旁路、交直流电路的交流耦合等。电容的符号是 C，在国际单位制里，电容的单位是法拉，简称法，符号是 F，其他单位还有：毫法（mF）、微法（μF）、纳法（nF）、皮法（pF）。由于单位 F 的容量太大，所以我们看到的一般都是 μF、nF、pF 的单位。它们之间的换算关系是：$1F = 1000000\mu F$，$1\mu F = 1000nF = 1000000pF$。以下分别介绍几种常见电容器的功能简介如下。

1. 铝电解电容器

铝电解电容器（如图 1-12 所示）采用铝箔做正极，正极表面生成的氧化铝为介质，电解质为负极。铝电解电容器制造时是将电解质吸附在吸水性好、拉力强的衬垫上，另外再加一层铝箔作为负极引线，然后与正极铝箔一起卷绕起来放入铝壳或塑料壳中封装。铝电解电容器的特点是容量大，但漏电大，误差大，稳定性差，常用作交流旁路和滤波，在要求不高时也用于信号耦合。电解电容有正、负极之分，使用时正负极不能接反。

图 1-12　铝电解电容器的外形

2. 钽电容器

钽电容器全称是钽电解电容器，是电解电容器中的一类，是用金属钽作电极、氧化钽作介质的电容器。钽电容器的外壳上都有 CA 标记，其容量为 $0.47 \sim 1000\mu F$，额定耐压主要有 6.3V、10V、16V、63V 几种。钽电容器是一种用金属钽（Ta）作为阳极材料而制成的，按阳极结构的不同可分为箔式和钽烧粉结式两种，在钽粉烧结式钽电容中，因工作电解质不同，又分为固体电解质的钽电容和非固体电解质的钽电容。

钽电容器在电路中的符号与其他电解电容器符号是一样，但它的外形多种多样（如图 1-13 所示），并容易制成适于表面贴装的小型和片型元件。无极性小容量

图 1-13　钽电容器的外形

贴片电容，多用于小信号电路（供电压一般低于 15V），作用为滤波、抑制振铃等；有极性贴片电容器多用于电源滤波，耐压多为 63V。

钽电容器具有化学稳定性高、额定耐压高、耐高温性能好、机械强度高及体积小等特点，适应于低频电路和时间常数电路，广泛应用于通信、航天和军事工业、海底电缆和高级电子装置、民用电器、电视机等多方面。

3. 薄膜电容器

薄膜电容器由于介质损失小、体积小、容量大、稳定性较好、无极性、绝缘阻抗高、频率响应宽广等很多优良的特性，大量使用在模拟电路中。薄膜电容器又分为聚苯乙烯电容器和聚丙烯电容器（见图 1-14）。聚苯乙烯电容器的符号为 CB、电容量为 $10pF \sim 1\mu F$、额定电压为 $100V \sim 30kV$，其主要特点是稳定、低损耗、体积较大，应用在对稳定性和损耗要求较高的电路。聚丙烯电容符号为 CBB、电容量为 $1000pF \sim 10\mu F$、额定电压为 $63 \sim 2000V$，其主要特点是性能与聚苯相似但体积小、稳定性略差，应用是代替大部分聚苯或云母电容，用于要求较高的电路。

聚苯乙烯电容   聚丙烯电容

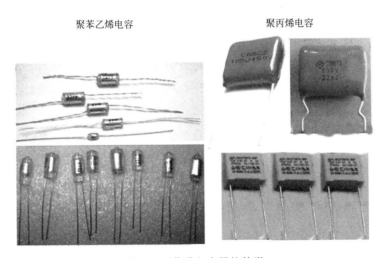

图 1-14 薄膜电容器的外形

4. 陶瓷电容器

陶瓷电容器就是用陶瓷（用钛酸钡、钛酸锶等高介电常数的陶瓷材料）作为电介质，在陶瓷基体的两面喷涂银层，然后经低温烧成银质薄膜做极板制成。它的外形以片式居多，也有管形、圆片形等形状，其外形如图 1-15 所示。

陶瓷电容器又分高频瓷介和低频瓷介两种。高频瓷介电容器（CC）的特点是体积小、损耗低，电容对频率、温度稳定性都较高，常用于要求损耗小，电容量稳定的场合，并常在高频电路中用作调谐、振荡回路电容器和温度补偿电容器；高频瓷介电容的容量在零点几皮法至几百皮法之间，耐压常见的有 160V、250V、500V 几种，误差常见有 $\pm 2\%$、$\pm 5\%$、$\pm 10\%$、$\pm 20\%$ 几种。低频瓷介电容器

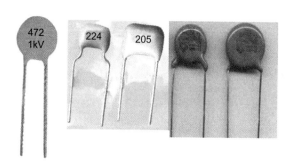

图 1-15　陶瓷电容器的外形

（CT）的特点是体积小、损耗大，电容对频率、温度稳定性都较差，用在对稳定性和损耗要求不高的场合或工作频率较低的回路中作旁路或隔直流用，它易被脉冲电压击穿，故不能使用在脉冲电路中；其容量在几百皮法到几十微法之间，额定直流工作电压常见有 0.5kV、1kV、2kV、5kV 等几种。

5. 独石电容器

独石电容器也是瓷介电容器的一种，它的制造工艺与一般瓷介电容器的不同，是采用若干片厚度为微米级厚的陶瓷膜预先印制上电极，然后叠放起来烧结而成，外形具有独石状，它相当于若干小陶瓷电容器并联，由于每片陶瓷膜很薄，所以其体积比比一般瓷介电容器要大很多。其容量从零点几皮法到 $10\mu F$。独石电容的型号以 CC4 和 CT4 标识，其中 4 表示独石的意思。独石电容器的特点是电容量大、体积小、可靠性高、电容量稳定，耐高温耐湿性好等，广泛用于电子整机中的振荡、高频滤波和电源退耦、旁路电路中等设备中。

通常把引线式独石电容器称为独石电容器，贴片式陶瓷独石电容器称为贴片电容器（常见的贴片电容器 MLCC，即片式多层陶瓷电容器，也是独石电容器），如图 1-16 所示。独石电容器根据所使用的材料，可分为三类，一类为温度补偿类，二类为高介电常数类，三类为半导体类。引线式独式电容又可分为径向独石陶瓷电容和轴向独石陶瓷电容。

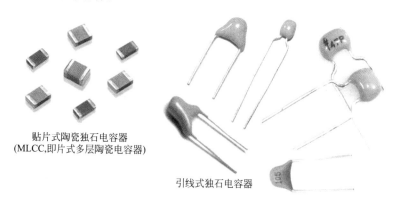

贴片式陶瓷独石电容器
(MLCC,即片式多层陶瓷电容器)

引线式独石电容器

图 1-16　独石电容器的外形

6. 云母电容器

所谓云母电容器（图 1-17）就是以天然云母作为电容器的中间介质的电容，其制作方法是：用金属箔或者在云母片上喷涂银层作电极板，极板和云母片一层一层叠合后，再压铸在胶木粉或封固在环氧树脂中。

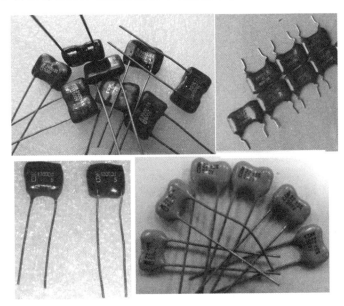

图 1-17　云母电容器的外形

由于云母具有介电强度高、介电常数大、损耗小、化学稳定性高、耐热性好，且易于剥离成厚度均匀的薄片等优异性能，故云母电容器是其他电容器不能代替的。其特点是损耗小，频率稳定性好，高频特性好；耐高温，温度系数小；电容量精度高，广泛应用于对电容器的稳定性和可靠性要求高的场合，如电子、电力和通信设备的仪器仪表中，而且还用于对稳定性和可靠性要求很高的航天、航空、航海、火箭、卫星、军用电子装备以及石油勘探设备中。云母电容器的容量一般较小（几皮法到几十纳法），体积相对较大。

7. 纸介电容器

纸介电容器（如图 1-18 所示）就是以纸作为介质的电容器，由两片金属箔作电极和一层夹在金属箔中间的极薄绝缘蜡纸卷成圆柱形或者扁柱形芯子，然后密封在金属壳或者绝缘材料（如火漆、陶瓷、玻璃釉等）壳中制成的。纸介电容器有密封和半密封两种结构，绕法有有感和无感两种。有感式的芯子实际上是一个有很多圈数的带状线圈，因此电感较大。无感式是将电极箔分别向纸的两边错开，使箔带的侧边伸出纸带外边，卷绕成圆柱形芯子后焊上引线。这样就使电极箔各圈间相互短接，所以电感很小。

纸介电容器的特点是电容量和工作电压范围很宽，工艺简单，成本低，但电容量的精度不易控制，损耗较大，温度频率特性稳定性较差。由于纸介电容器的

图 1-18　纸介电容器的外形

电感量大，只适用于低频电路，不适合在高频电路使用。金属化纸介电容器的结构和纸介电容器的基本相同，它是在电容器纸上覆上一层金属膜来代替金属箔，体积小，容量较大，一般用在低频电路中。

8. 微调电容器

电容量可在某一小范围内调整，并可在调整后固定于某个电容值的电容器称为微调电容器，又称半可调电容器，调节的时候改变两片之间的距离或者面积。它是由两片或者两组小型金属弹片，中间夹着介质制成。如图 1-19 所示为半可调电容器的外形图。半可变电容器一般没有柄，只能用螺钉旋具调节，用在不需要

图 1-19　半可调电容器的外形　　　　　　　图 1-20　可变电容器的外形

经常调节的地方。它在各种调谐及振荡电路中作为补偿电容器或校正电容器。

9. 可变电容器

可变电容器是一种电容量可以在一定范围内调节的电容器，通过改变极片间相对的有效面积或片间距离就可以改变电容量。可变电容器一般由相互绝缘的两组极片组成：固定不动的一组极片称为定片，可动的一组极片称为动片。几只可变电容器的动片组可合装在同一个转轴上，组成同轴可变的（俗称双联、三联等）电容器。可变电容器都有一个长柄，可装上拉线或拨盘调节，其外形如图 1-20 所示。可变电容器通常在无线电接收电路中作调谐电容器用。

四、电感器

电感器又称扼流器、电抗器、动态电抗器。将绝缘的导线在磁环或磁棒上绕成一定圈数的各种线圈称为电感线圈或电感器（见图 1-21）。当一定数量变化的电流通过线圈时，线圈会产生感应电动势，其产生感应电动势大小的能力，称为电感量，简称电感。电感的符号用字母 L 表示。电感的单位是亨利，简称亨，用字母 H 表示。比亨小的单位有毫亨（mH）和微亨（μF）等，其换算公式为 1H ＝ 1000mH ＝ 1000000μH。

图 1-21　电感器的外形

电感器是一种非线性元器件，能够把电能转化为磁能而存储起来。电感器一般由骨架、绕线、屏蔽罩、封装材料、磁芯或铁芯等构成，它的结构类似于变压器，但只有一个绕组，具有一定的电感，只阻止电流的变化。如果电感器中有电流通过，则它阻止电流流过它；如果没有电流流过它，则电路断开时它将试图维持电流不变。由于通过电感器的电流值不能突变，所以，电感器对直流电流短路，对突变的电流呈高阻态。

电感器在电路中的基本用途是扼流、交流负载、振荡、陷波、调谐、补偿、偏转等。形象的说法是"通直流，阻交流"；通直流，就是指在直流电路中，电感器的作用就相当于一根导线，不起任何作用；阻交流：在交流电路中，电感器会有阻抗，即 XL，整个电路的电流会变小，对交流有一定的阻碍作用。细化解说：在电子线路中，电感线圈对交流有限流作用，它与电阻器或电容器能组成高通或低通滤波器、移相电路及谐振电路等。

以下分别介绍几种常见电容器的功能。

1. 小型固定电感器

小型固定电感器是用漆包线在磁芯上直接绕制而成的电感器，主要应用在滤波、振荡、陷波、延迟等电路中。它有两种封装形式，即密封式和非密封式，两种形式的外形设计又有立式和卧式两种。色码电感器就是小型固定电感器的一种，它是用色标表示电感量的电感器。

2. 可调电感器

常用的可调电感器有半导体收音机用振荡线圈、电视机用行振荡线圈、行线性线圈、中频陷波线圈、音响用频率补偿线圈、阻波线圈等。

3. 阻流电感器

阻流电感器是指在电路中用以阻塞交流电流通路的电感线圈，分为高频阻流线圈和低频阻流线圈。

（1）高频阻流线圈。高频阻流线圈也称高频扼流线圈，它用来阻止高频交流电流通过。高频阻流线圈工作在高频电路中，多用采空心或铁氧体高频磁芯，骨架用陶瓷材料或塑料制成，线圈采用蜂房式分段绕制或多层平绕分段绕制。

（2）低频阻流线圈：低频阻流线圈也称低频扼流圈，应用于电流电路、音频电路或场输出等电路，其作用是阻止低频交流电流通过。通常，将用在音频电路中的低频阻流线圈称为音频阻流圈，将用在场输出电路中的低频阻流线圈称为场阻流圈，将用在电流滤波电路中的低频阻流线圈称为滤波阻流圈。

4. 贴片电感器

贴片电感器主要用在信号板与逻辑板电路中，其主要作用是直流电压变换或电源滤波，外形有圆柱形、方形和矩形等封装形式，颜色多为黑色。

五、二极管

晶体二极管（Semiconductor Diode）又称为半导体二极管，简称二极管，是一种由半导体材料制成的，具有单向导电特性的两极器件。二极管是最简单的一种旁热式电子管，采用半导体单晶（主要是锗和硅）材料制成，故称作半导体二极管。二极管的英文字母为 VD 或 D，是电子制作中所经常使用的一种半导体器件，在电路中常用于检波、整流、开关、限幅、稳压、变容、发光、调制和放大等。

以下分别介绍几种常见的二极管的功能。

1. 整流二极管

将交流电整流成为直流电流的二极管称作整流二极管（见图 1-22），它是面结合型的功率器件，因结电容大，故工作频率低。整流二极管具有明显的单向导电性。它通常包含一个 PN 结，有正极和负极两个端子；在电路中，电流只能从二极管的正极流入，负极流出。整流二极管用半导体锗或硅等材料制造。硅整流二极管的击穿电压高，反向漏电流小，高温性能良好。通常高压大功率整流二极管都用高纯单晶硅制造。这种器件的结面积较大，能通过较大的电流（可达上千安），但工作频率不高，一般在几十千赫以下。整流二极管主要用于各种低频半波整流电路，如需达到全波整流需连成整流桥使用。

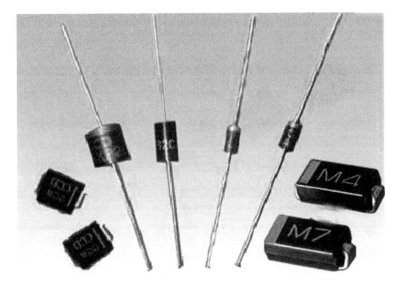

图 1-22　整流二极管的外形

2. 检波二极管

检波二极管（如图 1-23 所示）是用于把叠加在高频载波上的低频信号检出来的器件，具有较高的检波效率和良好的频率特性。点接触型检波用的二极管，除用于检波外，还能够用于限幅、削波、调制、混频和开关等电路。检波（也称解调）二极管是利用其单向导电性将高频或中频无线电信号中的低频信号或音频信号取出来，广泛应用于半导体收音机、收录机、电视机及通信等设备的小信号电路中，其工作频率较高，但处理信号幅度较弱。

3. 开关二极管

在脉冲数字电路中，用于接通和关断电路的二极管称为开关二极管（见图 1-24）。它是利用其单向导电特性使其成为一个较理想的电子开关，不仅能满足普通二极管的性能指标要求，还具有良好的高频开关特性（反向恢复时间短）。开关二极管能满足高频和超高频应用的需要，被广泛应用在计算机、电视机、通信设备、家用音响、影碟机、仪器仪表、控制电路及各类高频电路中。开关二极管常见的封装形式有塑料封装和表面封装两种。

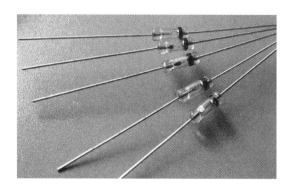

图 1-23　普通检波二极管的外形

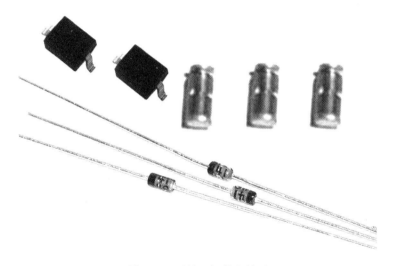

图 1-24　开关二极管的外形

4. 稳压二极管

稳压二极管（如图 1-25 所示）是利用 PN 结反向击穿特性所表现出的稳压性能的器件。稳压二极管又称齐纳二极管或反向击穿二极管，简称稳压管，是由硅材料制成的面结合型二极管。它既具有普通二极管的单向导电特性，又可工作于反向击穿状态。在反向电压较低时，稳压二极管利用 PN 结反向击穿时的电压基本上不随电流的变化而变化的特点，来达到稳压的目的。在电路中稳压管通常是起到稳定直流电压的作用，使电路工作在合适的状态，并限定电路中的工作电流。

5. 发光二极管

发光二极管（如图 1-26 所示）简称 LED（Light Emitting Diode），是一种由磷化镓（GaP）等半导体材料制成的，能直接将电能转变为可见光和辐射能的发光器件。它与普通二极管一样由 PN 结构成，也具有单向导电性，广泛应用于各种电

图 1-25　稳压二极管的外形

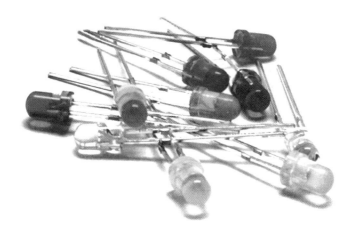

图 1-26　发光二极管的外形

子电路、家电、仪表等设备中、作为电源指示、电平指示或微光源之用。

6. 激光二极管

从本质上讲，激光二极管 LD（Laser Diodes）就是一个在正向电流激励条件下的半导体发光器件，它和一般的二极管一样有 PN 结面结构，而不同的是激光二极管有一对镜面作为共振腔。如图 1-27 所示，它是在发光二极管的结间安置一层具有光活性的半导体，其端面经过抛光后具有部分反射功能，因而形成一个光谐振腔。在正向偏置的情况下，LED 结发射出光并与光谐振腔相互作用，从而进一步激励从结上发射出单波长的光，这种光的物理性质与材料有关。

常用的激光二极管有 PIN 光电二极管和雪崩光电二极管两种。PIN 光电二极管在收到光功率产生光电流时，会带来量子噪声。雪崩光电二极管能够提供内部放大，比 PIN 光电二极管的传输距离远，但量子噪声更大。激光二极管在计算机上的光盘驱动器，激光打印机中的打印头等小功率光电设备中得到了广泛的应用。

7. 雪崩二极管

雪崩二极管（Avalanche Diode）又称碰撞雪崩渡越时间二极管（如图 1-28 所

示），是一种在外加电压作用下可以产生超高频振荡的半导体二极管。雪崩二极管是利用半导体结构中载流子的碰撞电离和渡越时间两种物理效应而产生负阻的固体微波器件，它常被应用于微波领域的振荡电路中。

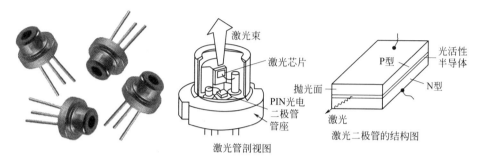

图 1-27 激光二极管的外形及结构

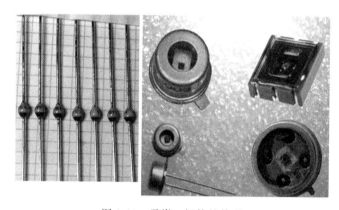

图 1-28 雪崩二极管的外形

8. 江崎二极管

江崎二极管（Tunnel Diode）又称隧道二极管（如图 1-29 所示），是一种具有负阻特性的双端子有源器件。目前主要用掺杂浓度较高的锗或砷化镓制成，隧道电流由这些半导体的量子力学效应产生。江崎二极管具有开关、振荡和放大等作用，可应用于低噪声高频放大器、高频振荡器及高速开关电路中。

图 1-29 江崎二极管的实物图

9. 肖特基二极管

肖特基二极管（如图 1-30 所示）是以其发明人肖特基博士（Schottky）的名字命名的，肖特基二极管 SBD（Schottky Barrier Diode）又称肖特基势垒二极管。肖特基二极管不是利用 P 型半导体与 N 型半导体接触形成 PN 结原理制作的，而是利用金属与半导体接触形成的金属-半导体结原理制作的。因此，肖特基二极管也称为金属-半导体（接触）二极管或表面势垒二极管，它是一种热载流子二极管。

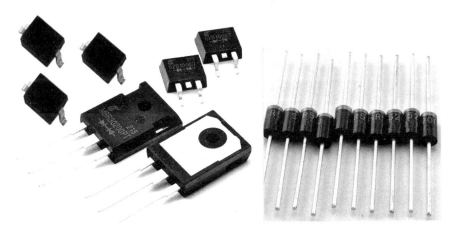

图 1-30　肖特基二极管的外形

肖特基二极管的特点是耐压比较低，反向漏电流比较大。通用应用在功率变换电路中的肖特基二极管大多耐压在 150V 以下，平均电流在 100A 以下，反向恢复时间在 10～40ns。总之，肖特基二极管应用在高频低压电路中比较理想，广泛应用于开关电源、变频器、驱动器等电路，作高频、低压、大电流整流二极管、续流二极管、保护二极管，也有用在微波通信等电路中作整流二极管、小信号检波二极管使用。常用在彩电的二次电源整流，高频电源整流中。

肖特基二极管有点触式（点接触型）和面触式（面接触型）两种。点触式主要应用在微波通信电路中作为混频器或检波器用，而面触式主要应用在开关电源及其保护电路中作为高频低压大电流整流或续流用。另外，肖特基二极管还有单管式和对管（双二极管）式两种封装结构。其中，肖特基对管又有共阴极型（两管的负极相连）、共阳极型（两管的正极相连）和串联型（一只二极管的正极接另一只二极管的负极）三种引脚引出方式。

10. 恒流二极管

恒流二极管（Current Regulative Diode，CRD）属于两端结型场效应恒流器件，是用来稳定电流的二极管，故又称稳流二极管（如图 1-31 所示）。它是一种能为 LED 或其他器件在电源电压变化时提供恒定电流的二端半导体器件，相当于一个大电流的恒流源或最大峰值电流限制电路，即使出现电源电压供应不稳定或是负载电阻变化很大的情况，都能确保供电流恒定。它可以在较宽的电压变化范围内提供恒定不变的电流，因此在各种放大电路、振荡电路及稳压电源电路作为恒流源或恒流偏置元器件，适用于 LED 照明、LCD 背光、汽车电子、通信电路、手持设备、仪器仪表和微型机器等场合。

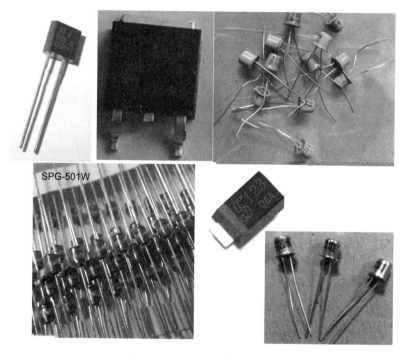

图 1-31　恒流二极管的外形

11. 变容二极管

变容二极管也称可变电容二极管、可变电抗二极管，是根据普通二极管内部 PN 结之间的电容能随外加反向电压的变化而变化的原理制成的一种特殊二极管。变容二极管的作用是利用 PN 结之间的电容可变的原理制成的半导体器件，在高频调谐、通信等电路中作可变电容器使用。

如图 1-32 所示，变容二极管的封装形式有多种，如玻璃外壳封装（玻封）、塑料封装（塑封）、金属外壳封装（金封）和无引线表面封装等。通常中小功率的变容二极管采用玻封、塑封或表面封装，而功率较大的变容二极管多采用金封。

六、三极管

晶体三极管通常简称为晶体管或三极管，是一种具有三个控制电子运动功能电极的半导体器件，具有放大和开关等作用，能将基极电流微小的变化引起集电极电流较大的变化量的一种特性，三极管可作电子开关用，配合其他元器件还可以构成振荡器。

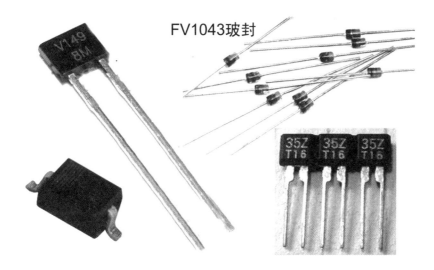

图 1-32　变容二极管的外形

　　三极管顾名思义具有三个电极，是由两个 PN 结构成的，共用的一个电极成为三极管的基极（用字母 b 表示），其他的两个电极成为集电极（用字母 c 表示）和发射极（用字母 e 表示）。由于不同的组合方式，形成了一种是 NPN 型的三极管，另一种是 PNP 型的三极管。三极管在电路中常用 Q（或 T、V、VT、BC）加数字表示。

　　以下分别介绍几种常见的三极管的功能。

1. 功率三极管

　　（1）小功率三极管　小功率三极管一般指功率小于 1W 的三极管，它是电子产品中用得最多的三极管之一。与大多数三极管一样，小功率三极管在电路中也是作为电流放大器件，主要用来放大交、直流信号，如放大音频、视频的电压信号，作为各种控制电路中的控制器件等。小功率三极管的具体形状有很多，常见的小功率三极管的外形如图 1-33 所示。

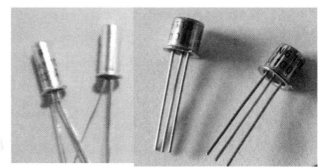

图 1-33　小功率三极管的外形

图1-34　中功率三极管的外形

（2）中功率三极管　通常情况下，集电极最大允许耗散功率（PCM）在1～10W的三极管称为中功率三极管。中功率三极管主要用在驱动电路和激励电路中，为大功率放大器提供驱动信号。常见的中功率三极管的外形如图1-34所示。

（3）大功率三极管　大功率三极管（如图1-35所示）一般是指集电极最大允许耗散功率在10W以上的三极管，它的特点是工作电流大，而且体积也大，各电极的引线较粗而硬，集电极引线与金属外壳或散热片相连；这样金属外壳就是三极管的集电极，塑封三极管的自带散热片也就成了集电极。由于大功率三极管的耗散功率较大，工作时往往会引起芯片内温度过高，所以要设置散热片，根据这一特征可以判别是否是大功率三极管。大功率三极管常用于大功率放大器中，通常情况下，三极管的输出功率越大，其体积也越大，在安装时所需要的散热片也越大。

图1-35　大功率三极管的外形

大功率三极管根据其特征频率的不同可分为高频大功率三极管和低频大功率三极管。高频大功率三极管主要用于功率驱动电路、功率放大电路、通信电路的设备中。低频大功率三极管的用途也很广泛，如电视机、扩音机、音响设备的低频功率放大电路、稳压电源电路、开关电路等。

2. 贴片式三极管

采用表面贴装技术（Surface Mounted Technology，SMT）的三极管称为贴片式三极管。贴片式三极管既有三个引脚的，也有四个引脚的。在四个引脚的三极管中，比较大的一个引脚是集电极，两个相通的引脚是发射极，余下的一个引脚是基极。常见的贴片式三极管的外形如图1-36所示。

图 1-36　贴片式三极管的外形

　　贴片式三极管和插件三极管是一样的，只不过是封装不同而已；贴片更小，省空间和免去人工插件。贴片式三极管和插件三极管两者在放大参数上基本是一样的，从功能上讲，无论贴片还是插件三极管的用途都相同，即信号放大（工作在放大区）和开关（工作在饱和和截止区），它可以把微弱的电信号放大到一定强度，当然这种转换仍然遵循能量守恒，它只是把电源的能量转换成信号的能量罢了。

　　3. 几种特殊的三极管

　　（1）带阻尼三极管　带阻尼三极管是将一只或两只电阻器与三极管连接后封装在一起构成的，如图 1-37 所示。由于通常应用在数字电路中，因此带阻尼三极管有时又被称为数字三极管或者数码三极管。带阻尼三极管具有较高的输入阻抗

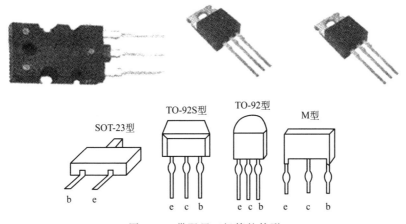

图 1-37　带阻尼三极管的外形

和低噪性能，其作用是反相器或倒相器，广泛应用于电视机、影碟机、录像机等家电产品中。带阻尼三极管的种类较多，但一般不能作为普通三极管使用，只能专管专用。

（2）差分对管　差分对管属于三极管的扩展产品，是把两只性能一致的三极管封装在一起构成的半导体器件，故又称为孪生对管或一体化差分对管。差分对管能以最简单的方式构成性能优良的差分放大器，一般用在音频放大器或仪器、仪表的输入电路中作为差分放大管。常见的差分对管的外形如图 1-38 所示。

图 1-38　差分对管的外形

（3）达林顿管　达林顿管（DT）是复合管的一种连接形式，是由两只或两只以上的三极管连接在一起构成的，故也称复合三极管。达林顿管的最大特点是电流放大倍数很高及具有较高的输入阻抗，多用于高增益放大电路、电动机调速、逆变电路及继电器驱动、LED 显示屏驱动等控制电路中。

达林顿管又分为普通达林顿管和大功率达林顿管（如图 1-39 所示）。普通达林

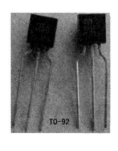

图 1-39　达林顿管的外形

顿管通常由两只三极管或多只三极管复合连接而成，内部不带保护电路，耗散功率在 2W 以下，一般采用 TO-92 塑料封装，主要用于高增益放大电路或继电器驱动电路中。大功率达林顿管在普通达林顿管的基础上，增加了由泄放电阻和续流二极管组成的保护电路，稳定性较高，驱动电流更大，一般采用 TO-3 金属封装或采用 TO-126、TO-220、TO-3P 等外形塑料封装，主要用于音频功率放大、电源稳压、大电流驱动、开关控制等电路中。

七、场效应管

场效应晶体管（Field Effect Transistor，FET）简称场效应管，是一种利用电场效应来控制电流大小的半导体器件，由多数载流子参与导电，也称为单极型三极管。场效应管有三个极性，即栅极 G（Gate，相当于双极性三极管的基极）、漏极 D（Drain，相当于双极型三极管的集电极）、源极（Source，相当于双极型三极管的发射极）。其工作原理与三极管不同，三极管是一种电流控制器件，而场效应管是以基极电流的微小变化而引起集电极电流的较大变化，是一种压控电源器件，即流入的漏极电流 I_D 受栅源电压 U_{GS} 的控制。

场效应管的作用：①场效应管可应用于放大（由于场效应管放大器的输入阻抗很高，因此耦合电容可以容量较小，不必使用电解电容器）；②场效应管很高的输入阻抗非常适合作阻抗变换（常用于多级放大器的输入级作阻抗变换）；③场效应管可以用作可变电阻；④场效应管可以方便地用作恒流源；⑤场效应管可以用作电子开关。

以下分别介绍几种常见的场应管的功能。

1. MOS 场效应管

MOS 场效应管（Metal-Oxide-Semiconductor Field-Effect-Transistor，MOSFET）即金属-氧化物-半导体场效应管，是场效应管的一种，也是目前在绝缘栅型场效应管中应用最为广泛的场效应管（如图 1-40 所示），常用于放大或开关电子电路。

MOS 场效应管的主要特点是在金属栅极与沟道之间有一层二氧化硅绝缘层，因此具有很高的输入电阻。MOS 场效应管的栅极是通过二氧化硅绝缘薄层与 N 型衬底及 P 型层隔离的，利用栅极和 N 型衬底间电场的作用控制漏极电流。由于栅极与源极绝缘，所以基本上不存在栅极电流，输入阻抗可以高达千兆欧至千千兆欧以上（$10^9 \sim 10^{15}\,\Omega$），温度稳定性也很好。

2. VMOS 场效应管

VMOS 场效应管（VMOSFET）简称 VMOS 管或功率场效应管，其全称为 V 形槽 MOS 场效应管（见图 1-41）。VMOS 场效应管是在 MOS 场效应管的基础上开发的一种高效的功率开关器件，具有 MOS 场效应管输入阻抗高、驱动电流小的特点，另外还具有耐压高（最高可耐压 1200V）、工作电流大（1.5～100A）、输出

图 1-40　MOS 场效应管的外形及结构

图 1-41　VMOS 场效应管的外形及结构

功率高（1～250W）、跨导的线性好、开关速度快等优点，在电压放大器、功率放大器、开关电源和逆变器中得到了广泛的应用。

3. 结型场效应管

结型场效应管（JFET）因有两个PN结而得名，它是在同一块N型硅片的两侧分别制作掺杂浓度较高的P型区（用P＋表示），形成两个对称的PN结，在两个P区上也做上欧姆电极，并把两个P区连在一起作为一个电极，称为栅极（G），从N型区引出的两个电极分别为源极S和漏极D，很薄的N区称为导电沟道。结型场效应管是利用导电沟道之间耗尽区的宽窄来控制电流的，输入电阻在 $10^6 \sim 10^9 \Omega$ 之间，如图 1-42 所示。

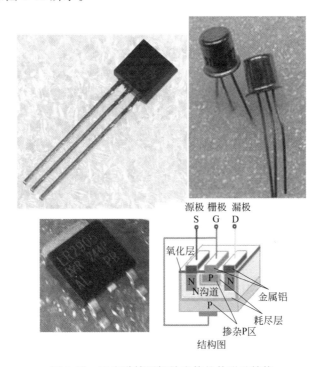

图 1-42　N沟道结型场效应管的外形及结构

结型场效应管的工作原理：利用半导体内的电场效应，当给栅极加上控制电压时，导电沟道的宽度将随控制电压的大小而发生变化，从而实现用电压控制沟道电流（源极和漏极之间的电流）的目的。当导电沟道被夹断时，源极和漏极之间被关断，没有电流流过。综上所述，结型场效应管与MOS场效应管的工作原理相似，它们都是利用电场效应控制电流，不同之处仅在于导电沟道形成的原理不同。

4. 贴片场效应管

贴片场效应管在电路中主要起信号放大或开/关的作用，根据其内部结构可分为N沟道和P沟道两大类，实际应用中以N沟道居多。由于贴片场效应管具有输入阻抗高、灵敏度高、功率大等优点，因此广泛用于平板彩电及数码产品中，其封装形式较多。

八、晶闸管

晶闸管是晶体闸流管（Thyristor）的简称，是一种大功率开关型半导体器件，它的外形封装多酷似三极管，也都有三个引脚电极，即阳极（A）、阴极（K）和门极（G）。晶闸管内部有四层 PNPN 半导体，三个 PN 结，对外有三个电极（如

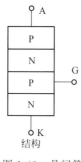

图 1-43　晶闸管
的结构

图 1-43 所示），门极不加电压时，阳极（＋）、阴极（－）间加正向电压不导通，阴极（＋）、阳极（－）间加反向电压也不导通，分别称为正向阻断和反向阻断。阳极（＋）、阴极（－）加正向电压，门极（＋）、阴极（－）加一电压触发，晶闸管导通，此时门极去除触发电压，晶闸管仍导通，称为触发导通。在电路中用文字符号为"V""VT"表示（旧标准中用字母"SCR"表示）。

晶闸管具有硅整流器件的特性，既可以在低电压（几伏或几十伏）、小电流（几百毫安以下）的条件下工作，也可以在高电压（几千伏）、大电流（几千安）的条件下工作。它可以使半导体器件从弱电领域进入到强电领域，目前晶闸管在电力、电子自动控制电路中得到了广泛的应用。

以下分别介绍几种晶闸管的功能。

1. 单向晶闸管

单向晶闸管（Silicon Controlled Rectifiers，SCR）的外形如图 1-44 所示。单

阴极　阳极　控制极

图 1-44　单向晶闸管的外形

向晶闸管是一种可控整流电子元器件，能在外部控制信号的作用下由关断变为导通，但一旦导通，外部信号就无法使其关断，只能靠去除负载或降低其两端的电压使其关断。单向晶闸管是由三个 PN 结 PNPN 组成的四层三端半导体器件，与具有一个 PN 结的二极管相比，单向晶闸管正向导通受控制极电流控制；与具有两个 PN 结的三极管相比，差别在于晶闸管对控制极电流没有放大作用。

2. 双向晶闸管

双向晶闸管（TRIAC）如图 1-45 所示，是在普通晶闸管的基础上发展而成的，它不仅能代替两只反极性并联的晶闸管，而且仅需一个触发电路，是比较理想的交流开关器件。在交流开关、交流调压、交流调速、灯具调光以及固态继电器和固态接触器等电路中得到了广泛的应用。

图 1-45 双向晶闸管的外形

双向晶闸管中一只单向硅阳极与另一只阴极相连，其引出端称 T2 极；一只单向硅阴极与另一只阳极相连，其引出端称 T2 极；剩下则为门极（G）。双向晶闸管除了一个电极 G 仍然叫门极外，另外两个电极通常不再叫阳极和阴极，而统称为主电极 T1 和 T2。

九、集成电路

集成电路又称集成块（Integrated Circuit，IC），是在电子管、晶体管的基础上发展起来的一种电子器件，即在同一块半导体材料上，采用一定的工艺，将一个电路中所需的三极管、二极管、电阻、电容和电感等元器件及布线互连在一起，制作在一块半导体单晶片（如硅或砷化镓）上，然后封装在一个管壳内，成为具有所需电路功能的微型结构，形成一个完整的电路，且整个电路的体积大大缩小，引出线和焊接点的数目也大为减少，从而使电子组件向着微型化、小型化、低功耗和高可靠性方面迈进了一大步。集成电路的外形有圆形、扁平方形和扁平三角形等，如图 1-46 所示为集成电路的外形。

图 1-46　集成电路的外形

集成电路的封装主要有金属、陶瓷和塑料封装三种。其中，圆形结构的集成电路一般采用金属封装。扁平形直插式结构的集成电路一般采用陶瓷或塑料封装。目前使用的集成电路多为扁平形。集成电路的引脚有多列直接式和单列直插式两种。各种不同用途的集成电路其引出脚的数目不等，这些引脚的排列次序都有一定的规律，且通常有色点、凹槽和管键等标记。

以下分别介绍模拟与数字集成电路的功能。

1. 模拟集成电路

模拟集成电路就是由电容、电阻、三极管等组成的模拟电路集成在一起用来产生、放大和处理各种模拟信号（指幅度随时间连续变化的信号）的集成电路。模拟集成电路的外形通常有圆壳式、比例直插式、扁平式和单边比例直插式等几种。模拟集成电路的主要构成电路有放大器、滤波器、反馈电路、基准源电路、开关电容电路等。

模拟电路与过去用三极管等分立元器件组成的电路相比，具有体积小、使用寿命长、成本低、可靠性高、性能好等优点。模拟集成电路被广泛应用在各种视听设备中，如收录机、电视机、音响设备及数码设备等。

2. 数字集成电路

半导体数字集成电路，简称数字集成电路，它是将元器件和连线集成于同一半导体芯片上而制成的数字逻辑电路或系统。数字电路处理的信号是数字信号，因此抗干扰能力强。

数字集成电路包括各种门电路、触发器以及由它们构成的各种组合逻辑电路和时序逻辑电路。一个数字系统一般由控制部件和运算部件组成，在时钟的驱动下，控制部件控制运算部件完成所要执行的动作，如图 1-47 所示为 74 系列数字集成电路的外形与内部图。数字集成电路具有体积小、重量轻、可靠性高、使用寿命长、功耗小、成本低和工作速度高等优点，因此在现代电路设计中得到了广泛应用。

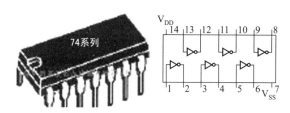

图 1-47 74 系列数字集成电路的外形与内部图

数字集成电路主要有 TTL、CMOS、ECL 三大类，ECL、TTL 为双极型集成电路，构成的基本元器件为双极型半导体器件，其主要特点是速度快、负载能力强，但功耗较大、集成度较低。其中 TTL 电路的性能价格比最佳，故应用范围最广。

CMOS 电路为单极型集成电路，又称为 MOS 集成电路，它采用金属-氧化物半导体场效应管（Metal Oxide Semi-conductor Field Effect Transistor，MOSFET）制造，其主要特点是结构简单、制造方便、集成度高、功耗低，但速度较慢。

数字集成电路的型号一般由前缀、编号、后缀三大部分组成。前缀代表制造厂商，如 MC、CD、uPD、HFE 分别代表摩托罗拉半导体（MOTA）、美国无线电（RCA）、日本电气（NEC）、菲利浦等公司；编号包括产品系列号、器件系列号；后缀一般表示温度等级、封装形式等。

十、晶振

石英晶体振荡器也称石英晶体谐振器，又称石英晶体，俗称晶振，是用来稳定频率和选择频率，可以取代 LC 谐振回路的晶体谐振元器件。它是利用石英晶体的压电效应而成的谐振元器件，即在一片薄石英晶片的两侧镀上两个电极制作成石英晶体谐振器。在电极上加上一个交互的电压使石英晶片振动在一个特定的频率上。

如图 1-48 所示，晶振一般由外壳、晶片、支架、电极板、引线等组成。外壳材料有金属、玻璃、胶木、塑料等，外形有圆柱形、管形、长方形、正方形等多种。晶振在电路中用字母"B"或"BC"（旧标准用"Z"或"X""G"等）表示。

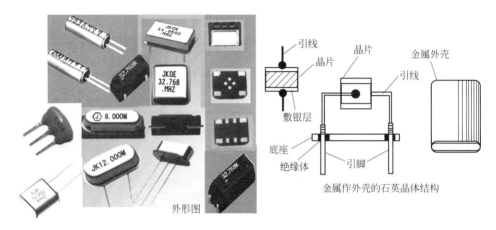

图 1-48　晶振的结构、外形

晶振的主要参数有标称频率、负载电容、激励电平、工作温度范围及温度频差等。石英谐振器的作用：提供系统振荡脉冲，稳定频率，选择频率。由于其具有品质因素高、尺寸小、温度稳定性强，是一种高精度和高稳定度的振荡器件，广泛地应用在电视机、影碟机、录像机、无线通信设备、电子钟表、数字仪器仪表等电子设备中。

第二讲

元器件检测工具及拆装

场地选用

一、检测工作台的选用及注意事项

（1）工作台可使用普通桌子或写字台，最好在桌子上平铺一块绝缘橡胶，既可以起绝缘作用，又可以起到在电器拆/装及翻板过程的防滑作用。同时在工作台的下面也垫上一块橡胶，以起到脚部与大地绝缘的作用，确保人身安全。

（2）在安装或维修电器时，要扫清工作场地和台面，防止灰尘和金属件落入机内造成短路故障。

二、检测场地的选用及注意事项

（1）首先需要的是一个安静的环境，不要在嘈杂的地方进行维修。

（2）在维修工作台上准备一个有许多小抽屉的元器件架，可以放相应的配件，和拆机过程中的零件。

（3）确保所有工作都要戴上防静电带并在防静电工作室内操作，不要穿化纤等容易产生静电的服装进行维修。

（4）注意把所有仪器的地线都接在一起，防止静电带来二次损伤。

工具准备与检测

一、通用工具的选用

（一）万用表

万用表是一种多功能、多量程的便携式电子电工仪表，可用于测量元器件的电流、电压和电阻，是维修家电的必备仪表之一，有指针式和数字式两种。

（1）指针式万用表　指针式万用表的形式很多，但基本结构是类似的。指针式万用表的结构主要由表头、转换开关（又称选择开关）、测量线路、表笔四部分组成。如图 2-1 所示为其外形图。

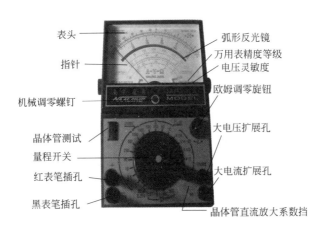

表头
指针
机械调零螺钉
晶体管测试
量程开关
红表笔插孔
黑表笔插孔

弧形反光镜
万用表精度等级
电压灵敏度
欧姆调零旋钮
大电压扩展孔
大电流扩展孔
晶体管直流放大系数挡

图 2-1　MF47 型万用表的外形图

（2）数字式万用表　数字式万用表（如图 2-2 所示）是指测量结果主要以数字的方式显示的万用表。数字式万用表用数字显示测量结果与指针式万用表相比，它具有显示直观、读数精确、使用方便的特点。

（二）绝缘电阻表

绝缘电阻表又称兆欧表、摇表，主要由直流高压发生器、测量回路及显示三部分组成。在小家电维修中，可用来测量电动机、电源线和电路的绝缘电阻。绝缘电阻表的规格以输出电压而定。如图 2-3 所示为其外形图。

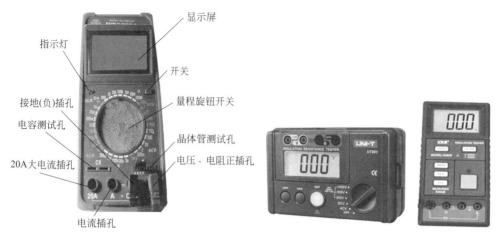

图 2-2　DT9205A 数字式万用表外形图　　　　图 2-3　绝缘电阻表的外形图

指示灯
显示屏
开关
接地(负)插孔
量程旋钮开关
电容测试孔
晶体管测试孔
20A大电流插孔
电压、电阻正插孔
电流插孔

（三）示波器

示波器是利用电子示波管的特性，将人眼无法直接观测的交变电信号转换成图像，显示在显示屏上以便测量的电子测量仪器，它是电子测试中最基础也是最重要的仪器。示波器通常被用于直接观察被测电路的波形，包括形状、幅度、频率、相位还可以对两条波形进行比较，从而可以迅速、准确地确定故障的原因、位置。示波器可分为模拟示波器和数字示波器（图 2-4）。

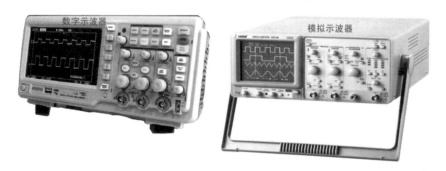

图 2-4　示波器外形

模拟示波器采用的是模拟电路（示波管，其基础是电子枪）电子枪向屏幕发射电子，发射的电子经聚焦形成电子束，并打到屏幕上，屏幕的内表面涂有荧光物质，这样电子束打中的点就会发出光来。模拟示波器在显示高频信号时效果是最真实、最好的，但是显示低频信号能力较弱，另外受制于带宽的瓶颈，逐渐被数字示波器取代。

数字示波器则是数据采集、A/D 转换、软件编程等一系列的技术制造出来的高性能示波器。数字示波器一般支持多级菜单，能提供给用户多种选择，具有多种分析功能。还有一些示波器可以提供存储，实现对波形的保存和处理。

（四）钳形电流表

钳形电流表也称钳形表、钳表、卡表，有的地方还叫钩表，它是一种用于测量正在运行的电气线路的电流大小的仪表，可在不断电的情况下测量电流。钳形电流表按数值显示的方式可分为指针式与数字式两种（如图2-5所示），使用时只要按动活动手柄，使钳口打开，放置被测导线即可。钳形电流表是由一只电磁式电流表和穿心式电流互感器组成，电流互感器的铁芯在捏紧扳手时可以张开；被测电流所通过的导线可以不必切断就可穿过铁芯张开的缺口，当放开扳手后铁芯闭合。

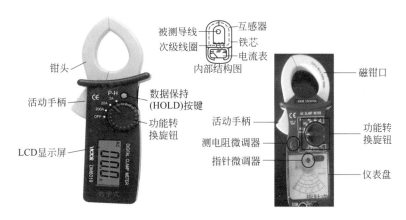

图 2-5　钳形电流表外形

钳形电流表是一种相当方便的测量仪器，它最大的特点就是不需剪断电线就能测量电流值，而一般用电表测量电流时，常常需要把线剪断并把电表连接到被测电路才能测量电流。

（五）电烙铁

电烙铁是小家电维修中不可缺少的工具，主要用途是焊接元器件及导线。电烙铁的种类很多，有直热式、感应式、储能式及调温式多种。维修时，可根据情况有针对性地进行选择。其中，直热式电烙铁又分为外热式（烙铁芯安装在烙铁头外面）和内热式（烙铁芯安装在烙铁头里面），它们的主要区别在于外热式电烙铁的发热元器件在传热元器件的外部，而内热式电烙铁的体积、重量却小于外热式电烙铁。如图2-6所示为其外形图。

（六）热风枪

热风枪是维修家电的重要工具之一，它是利用发热电阻丝的枪芯吹出的热风，对器件进行拆装与虚焊处理。由于集成电路的引脚多、引脚间距离小，有的甚至采用 BGA 球状矩阵排列，必须用热风枪才能实现拆装。

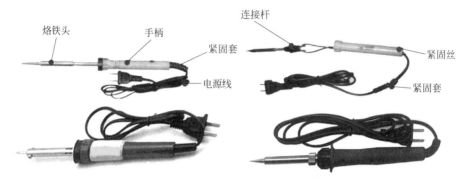

图 2-6　电烙铁的外形图

热风枪有手持热风枪（风机式，就是直接将涡轮风机装在风枪里）和焊台式热风枪（气泵式，有主机箱）两种，如图 2-7 所示。手持热风枪式价格在几十元至一百多元，此种热风枪主要就是温度不稳，忽高忽低，风量也不稳；气泵式热风枪价格在 200～300 元，此种热风枪开机温度比风机要快，而且温度不会直线上升，在相差不大的范围调整，风量也比较稳定。

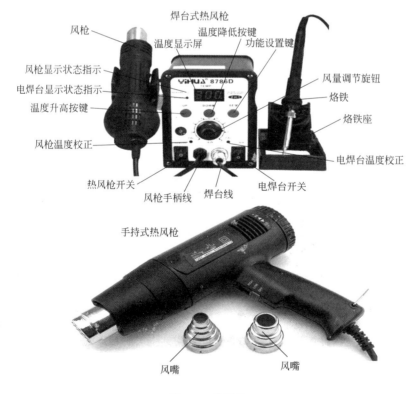

图 2-7　热风枪

（七）螺钉旋具

螺钉旋具又称改锥、螺丝刀，主要用于松动和紧固各种圆头或平头螺钉。在维修家电时，通常选用"十"字和"一"字带磁螺丝刀。如图 2-8 所示为其外形图。

（八）试电笔

试电笔又称低压试电笔、低压验电器，简称电笔，是用来检查测量家电（如外壳是否带电）的一种常用工具。

图 2-8　螺丝刀的外形图

其外形有钢笔式、旋具式或采用微型晶体管作机芯用发光二极管作显示的新型数字显示感应测电器，如图 2-9 所示为试电笔外形图。试电笔由金属体笔尖、电阻、氖管、带小窗的笔杆、弹簧以及笔尾金属体等组成，作为使用时手必须触及的金属部分。

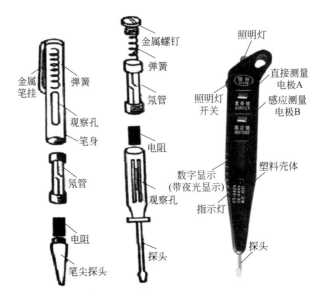

图 2-9　试电笔的外形图

（九）钳子

钳子是一种用于夹持、固定加工工件或者扭转、弯曲、剪断金属丝线的手工工具。钳子的外形呈 V 形，通常包括手柄、钳腮和钳嘴三个部分。钳子通常用碳素结构钢制造，先锻压轧制成钳坯形状，然后经过磨铣、抛光等金属切削加工，最后进行热处理。钳的手柄依握持形式而设计成直柄、弯柄和弓柄三种式样。钳使用时常与电线之类的带电导体接触，故其手柄上一般都套有以聚氯乙烯等绝缘材料制成的护管，以确保操作者的安全。在维修家电时，常用到尖嘴钳、老虎钳、偏口钳、剥线钳。如图 2-10 所示为其外形图。

图 2-10　钳子的外形图

（十）扳手

扳手通常在柄部的一端或两端制有夹柄部施加外力柄部施加外力，就能拧转螺栓或螺母持螺栓或螺母的开口或套孔。使用时沿螺纹旋转方向在柄部施加外力，就能拧转螺栓或螺母。其材质通常用碳素结构钢或合金结构钢。在维修家电时，通常用到活动扳手、开口扳手、内六角螺丝扳手。如图 2-11 所示为其外形图。

图 2-11　扳手的外形图

（十一）镊子

镊子用来夹持小零件、小元器件、导线等，其材质通常为不锈钢，具有较好的弹性，是维修家电时不可缺少的工具。如图 2-12 所示为其外形图。

二、其他工具的选用

（一）液晶屏修复工具

热压机是液晶屏修复工具（图 2-13），它可用于维修液晶屏的黑屏、白屏、花屏、亮线、亮带、白带、花屏、缺线、缺画、横线、竖线、不显示等故障。液晶显示器维修用热压机的工作原理：利用压力、温度、时间的调整把排线和 LCD 间的 ACF 导电胶粒子爆破，形成排线和 LCD 电路导通的原理。

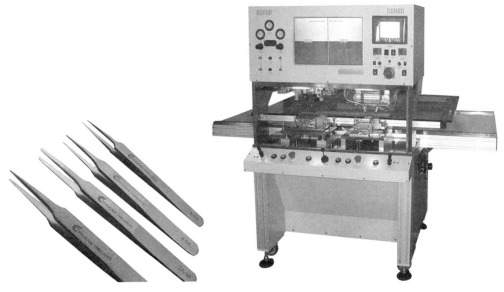

<table>
<tr><td>图 2-12　镊子的外形图</td><td>图 2-13　热压机</td></tr>
</table>

　　热压机的修屏步骤：①把不良品的液晶屏上的排线用专用设备拆取下来；②用 ACF 去除液把 TAB 和 LCD 上的残留 ACF 胶清洗干净；③在 TAB 或 LCD 上预贴 ACF 导电胶；④在热压设备上用 CCD 摄像系统进行产品对位；⑤启动设备进行热压工艺；⑥检测产品。

（二）真空泵

　　真空泵（图 2-14）是制冷系统抽空设备，在充注制冷剂之前，利用真空泵对制冷剂循环系统进行抽真空，将系统中的空气和残留水分排出。由于系统真空度的高低直接影响到机器的质量，因此，在充注制冷剂之前，都必须对制冷系统进行抽真空处理。反之，当系统中含有水蒸气时，系统中高、低压的压力就会升高，在膨胀阀的通道上结冰，不仅会妨碍制冷剂的流动、降低制冷效果，而且增加了压缩机的负荷，甚至还会导致制冷系统不工作，使冷凝器的压力急剧升高，造成系统管道爆裂。

（三）修理阀

　　修理阀是安装、维修空调器的必备工具之一，常用于空调器抽真空、充注制冷剂及测试压力。其有三通修理阀和复式修理阀（又称仪表分流器）两种（如图 2-15 所示）。其中，三通修理阀由阀帽、阀杆、旁路电磁阀接口、制冷系统管道接口、压缩机接口等组成，它配有压力表，其正压最大量程一般为 0.9～2.5MPa，负压均为 0～0.1MPa。

图 2-14　真空泵

图 2-15　修理阀

复式修理阀相当于两个三通修理阀的组合，主要由低压阀（用来控制低压表与公共接口的开关）、高压阀（用来控制高压表与公共接口的开关）、低压表、高压表组成，阀中间由一个三通相连，中间有一个公共接口，作为加注制冷剂、机油等操作之用。阀门顺时针转动为开启，反之为关闭。可利用高、低压表的压力来判断设备的冷凝器的散热、蒸发器的温度，以及设备内部的制冷剂是否过多或过少。

（四）直流稳压电源

直流稳压电源如图 2-16 所示。直流稳压电源与智能手机印制电路板的供电连接是通过电池模拟接线和底部插口接线完成的，在维修过程中，不需要使用电池就可以进行试机，为维修提供了便利。

图 2-16 直流稳压电源

直流稳压电源有电压、电流显示，使用时，根据电压表显示调整所需的输出直流电压，根据电流表的指示判断手机的故障可能出在哪一部分电路。另外，直流稳压电源都具有大电流保护电路，在智能手机接上电源或接电源开机测试等过程中出现短路等原因造成大电流时，稳压电源会自动断电，可以起到保护手机的作用。

直流稳压电源在维修中还可以作为手机电池的临时充电器。将直流稳压电源的电压先打到 0V，根据电池的正负极接上模拟电源接线，然后慢慢调高直流稳压电源的输出电压，随着电压的上升，电流也会跟着上升，当直流稳压电源的输出电流达到 700mA 左右时，电压不可再上升了，只需充上几分钟，电池就能使用一段时间。在维修时如果没有充电器，就可以采用这种方法对手机电池进行充电。

（五）频谱分析仪

频谱分析仪用于测试信号的频谱、幅度和频率等参数。在手机维修中，频谱分析仪用于检测手机射频电路的本振信号，中频信号、发射信号、手机不入网故障点等十分快捷和准确。如图 2-17 所示为 AT6000 系列频谱仪。

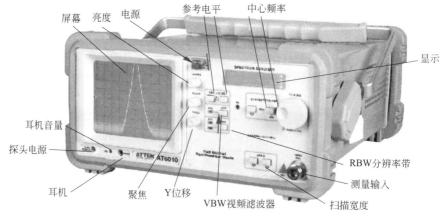

图 2-17　频谱分析仪

（六）转速表

转速表在电动车（电动自行车）维修中主要用来测量电动机的转速。转速表分机械式和数字式两种类型，电动车维修中一般常使用数字式转速表来检测轮毂电动机的转速。数字式转速表的外形实物结构如图 2-18 所示。

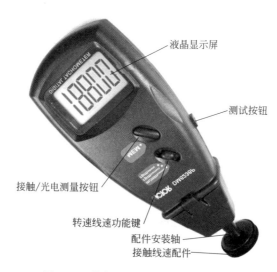

图 2-18　数字式转速表外形实物结构

使用转速表检测轮毂电动机时，在轴上贴一块作为标记的反射膜，按下测试开关，使仪器发射的红光对准反射膜，调整转速表的角度及距离，使转速表的信号接收指示灯点亮，即可高精度地直接读取轮毂电动机的转速。

三、在路元器件检测训练

（一）故障现象：苏泊尔 C21A01 型电磁炉按火锅键，功率指示灯一闪即灭，不能加热

在路检测电阻：此类故障应重点检查电压检测电路，具体主要检测电阻 R101（820kΩ）是否断路，相关电路如图 2-19 所示。确诊后更换 R101 即可排除故障。

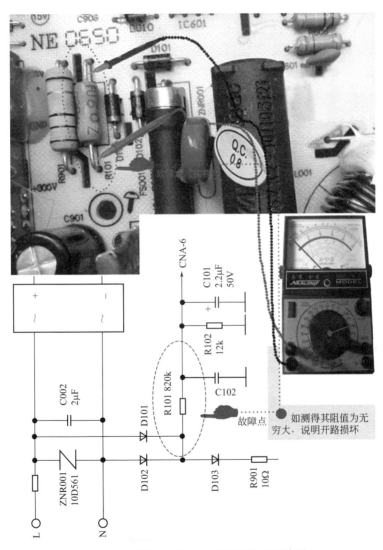

图 2-19 苏泊尔 C21A01 型电磁炉电压检测
电路截图（在路检测电阻）

该机电压检测电路的主要作用是检测输入 AC220V 电压的高低，防止因电压过高或过低损坏 IGBT 管及电路元器件。

（二）故障现象：万利达 MC18-C10 型电磁炉加热温度低，且调整无效

在路检测电容：此类故障应重点检查 300V 电压是否正常，具体主要检测滤波电容 C28（5μF/400V）电容是否下降，相关电路如图 2-20 所示。确诊后更换 C28 即可排除故障。

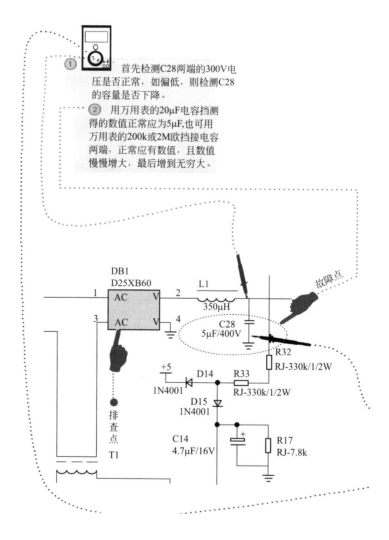

图 2-20　万利达 MC18-C10 型电磁炉 300V 产生
电路 C28 相关截图（在路检测电容）

当桥堆 DB1 内部二极管的正向电阻变大或开路，以及滤波电容 C28 的容量下降时，均会导致 300V 电压偏低，从而造成加热温度低而调整无效的故障。

（三）故障现象：九阳 JYC-21FS37 型电磁炉加热 10min 后显示代码 "E7"

在路检测三极管：此类故障应重点检查风扇驱动电路，具体主要检测三极管 Q501（SS8050）是否正常，在路检测 Q501 电路如图 2-21 所示。确诊后更换 Q501 即可排除故障。

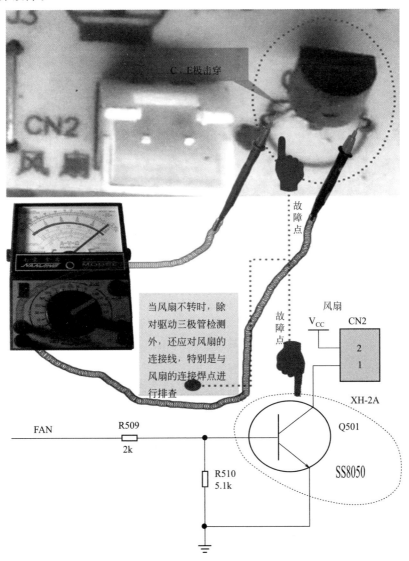

图 2-21　九阳 JYC-21FS37 型电磁炉风扇驱动电路（在路检测三极管）

（四）故障现象：美的 C21-RK2101 型电磁炉开机显示"E6"

在路检测热敏电阻：此类故障应重点检查温度检测电路，具体主要检查热敏电阻 RT2 是否短路，用万用表 $R \times$ 挡在路检测热敏电阻相关电路如图 2-22 所示。检测后更换损坏的 RT2 即可排除故障。

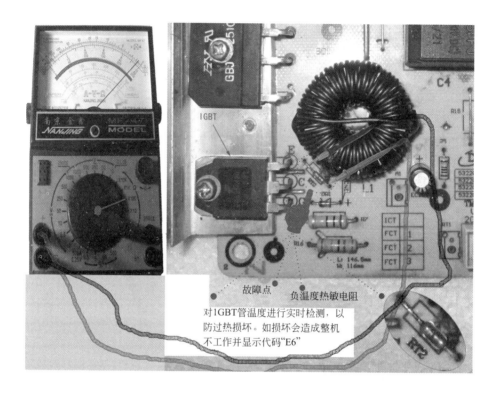

图 2-22　美的 C21-RK2101 型电磁炉温度检测电路

（在路检测热敏电阻）

（五）故障现象：电动车通用充电器不充电

在路检测电压：用万用表电压挡检查充电器的电压是否正常，如图 2-23 所示。正常情况下，36V 充电器的输出电压为 42V；48V 充电器的输出电压为 56V；60V 充电器的输出电压为 72V。

（六）故障现象：电动车充电器充电时间过长

在路检测电流：用万用表直流 20A 电流挡检测充电器输出电流是否正常，如图 2-24 所示。正常情况下，36V/10A·h 充电器的正常输出电流为 1.8A；48V/20A·h 充电器的正常输出电流为 2.8A。

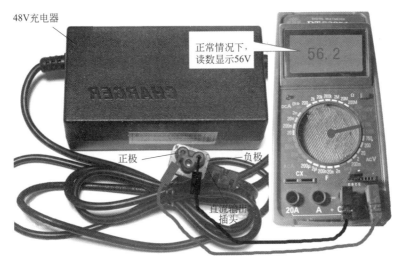

图 2-23 检测充电器直流输出电压（在路检测直流电压）

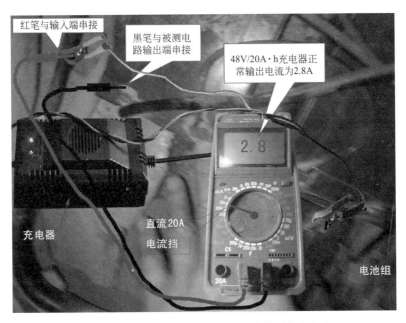

图 2-24 检测充电器输出电流（在路检测直流电流）

元器件拆装与代换

（一）电阻器的拆焊技巧

1. 电阻器的拆卸

用电烙铁头在印制电路板的反面，轮流加热被拆电阻器的引脚，使引脚上的焊锡全部熔化，然后用镊子夹住元器件向外拉，把电阻器从印制电路板上取下来。

2. 电阻器安装及注意事项

（1）电阻器在安装前，要把电阻器的引线刮光镀锡，确保焊接牢固可靠。同时电阻器在装入电路之前，也要核实一下阻值。

（2）电阻器在安装时要将其标志向上或向外，便于测试和维修，并且要将其两端安装在可靠的支点上，防止因振动造成短路、断路。

（3）安装时要注意电阻器发散的热量所引起的温升对周围其他元器件的不良影响。例如，可能导致电容器、二极管等强烈老化。

（4）电阻器安装时引线不要过长或过短，焊接时用钳子或镊子夹住引线根部，以防焊接热量影响电阻器的质量。

（5）电阻器在安装中，当电阻器的引线需要折弯时，不要在根部折弯，应在距根部一定距离的地方弯折，并且不要反复弯折，防止折断。

（6）焊接时，不要使电阻器长时间受热，以免引起阻值变化。

（7）大于 10W 的电阻器，应保证有一定的散热空间。

（二）电位器的拆焊技巧

（1）焊接前要对焊点做好镀锡处理，去除焊点上的漆皮与污垢。

（2）在焊接或安装电位器时，要将电位器上的标志处于易于观察的位置。

（3）可调电位器要安装在便于调整的地方。

（4）安装大功率电位器时要考虑散热，特别是要充分利用辐射散热。

（5）小功率的电位器要利用传导散热和对流散热。虽然小功率电位器的引线导热具有决定意义，但是装在印制电路板上的电位器的引线还是短一点比较好，这样可以利用底板散热。

（6）安装电位器时，应用紧固零件将其固定牢靠，避免电位器松动，与电路中其他元器件相碰。例如，有些电位器的端面上备有防止壳体转动的定位柱，安装时要注意检查定位柱是否正确装入安装面板上的定位孔里，避免壳体变形。用螺钉固定的矩形微调电位器，螺钉不得压得过紧，避免破坏电位器的内部结构。

（7）安装在电位器轴端的旋钮不要过大，应与电位器的尺寸相匹配，避免调节转动力矩过大而破坏电位器内部的止挡。

（8）安装插针式引线的电位器，为防止引线折断，不得用力弯曲或扭动引线。

（9）电位器装入电路时，要注意三个引脚的正确连接。

（10）焊接时间要适宜，不得加热过长，避免引线周围的壳体软化变形。

（三）电容器的拆焊技巧

1. 电容器的拆卸及注意事项

（1）利用电烙铁进行拆卸时，如果需要先将焊接的电容器卸下，请将焊锡充分融化后再拆卸，以免使电容器的端子承受压力。

（2）拆卸时，请勿让烙铁头接触到电容器的主体。

（3）拆卸电容器时，首先将电容器的两个引脚多上点儿焊锡（由于现在的印制电路板都是采用大规模焊接技术，焊锡非常少，而且主板上的元器件大多数采用的是双面焊接技术，焊锡很难熔化。因此可以先加些焊锡上去，再用电烙铁就方便多了），让焊锡把两个引脚连起来，然后用一只手握住电烙铁，另一只手捏住电容器，当烙铁把焊锡部分熔化时立即轻轻摇动电容器，并慢慢拔起电容器的一个引脚。接着再慢慢拔起电容器的另一个引脚。如果无法一下子拔起两个引脚，可以用电烙铁轮流接触两个引脚，并用手摇动电容器，等电容器的两个脚完全松动了，就可以把电容器取下来。

（4）当拆卸损坏电容器（特别是爆浆电容）后，要对损坏电容器引脚插孔的焊锡进行清理，以便插入新的电容器，其方法是：先将电路板背面朝上，再将针头插进原电容插孔位置，用电烙铁接触针头下部，等针头烧热后再用力将针头插入并左右摇动，直到针头穿透原电容插孔后再慢慢移走电烙铁，使插孔口径能显露出来。注意：手指必须捏住针头上部的塑料部分，不得去捏针头的金属部位，以免被烫伤。

2. 电容器安装及注意事项

（1）拆卸电路中电容器前应先放电（可通过灯泡来放电，不能直接短路放电）。电容器放电后，端子间仍有可能产生电压（再闪击电压），此时，请通过 $1\mathrm{k}\Omega$ 的电阻器进行放电。

（2）存放达半年以上的电容器的漏损电流有可能会增大。此时，请通过 $1\mathrm{k}\Omega$ 的电阻器进行电压处理。

（3）安装时请勿使电容器主体变形。

（4）安装前确认电容器的额定值（静电容量及电压）及电容器的极性后，再进行焊接。

（5）安装、焊接电容器时应使标志处于易于观察的位置。电解电容器和有机薄膜可变电容器焊接时不要使之过热。反之，会破坏电解电容器的密封，或使有机薄膜电容器的薄膜烫坏。

（6）安装、焊接可变电容器、微调电容器时，动片接"地"要良好。安装要牢固防震，以免发生所谓"机震"现象。"机震"是由于极片被振动，电容量发生变化，进而引起振荡器发生频率调制作用，结果使收音机的扬声器发出一种低沉音调。防止或减弱"机震"的一种办法是在双连电容器和底板之间加装橡皮垫圈。并使紧固螺钉松紧程度适宜。以便使垫圈更好地发挥防震作用。

（7）有些用卷绕法制成的电容器，把外层金属极片的引出线标注出来，在外壳上印有圆环，使用时应将这个引出线接地或接低电位，以起到更好的屏蔽作用。

（8）用电烙铁进行焊接电容器时，要注意它的焊接条件（预热、焊接温度与时间、端子浸渍时间等）。

（9）进行焊接时，请勿将电容器的主体浸入焊料中。插入印制电路板时，只有对电容器一侧的相反侧背面进行焊接。除端子部以外，不可附着有焊剂。

（10）焊接时，电烙铁应与电容器的塑胶管保持适当的距离，且焊接动作要快，以防止过热造成塑胶管破裂，导致电解液外漏。

（11）将电容器焊接到印制电路板上之后，不可将电容器主体倾斜、放倒或扭曲，更不可将电容器当做把手来移动印制电路板。

（12）安装新电容器时，把新电容器的引脚剪短点，并拉直，先焊一个脚，在电路板焊接电容器背面的地方稍稍多点焊锡，把电容器的一个引脚顶住焊孔，背面的焊锡熔化到焊脚孔后，顶住的那个脚就可以进去了，另外个脚也用同样方法让它进入焊孔。装上电容器后剪掉过长的引脚，接着一手按住电容器，使它能够与电路紧密接触，一手拿着电烙铁，对电容器的两个引脚进行补焊，同时轻轻摇动电容器的两个引脚，使焊锡能充分渗入到引脚的双面板内部。

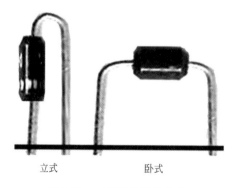

立式　　　　　卧式

图 2-25　二极管的安装方式

（四）二极管的拆焊技巧

（1）二极管的有立式与卧式两种安装方式（如图 2-25 所示），可视印制电路板的空间大小来选择。二极管的安装位置选择要适当，不要使管体与线路中的发热组件靠近。

（2）安装二极管时，首先用钳子夹住引脚根部，保持引脚根部固定不动，将引脚弯成所需的形状。在弯折引脚时不要采用直角弯折，而要弯成一定的弧度，且用力均匀，防止将二极管的玻璃封装壳体撬碎，造成二极管损坏。

（3）小功率二极管的引脚不是纯铜材料制成的，焊接一定要注意防止虚焊。

（4）经过长时间存放的二极管，其引脚氧化发黑，必须先用刀子刮干净氧化层，并预先吃锡，然后再往印制电路板上焊，以确保焊接质量。

（5）管子焊接到印制电路板上应掌握焊接条件：温度 260℃，时间在 3s 之内。

（6）焊接时应用镊子夹住引脚根部以利散热，且焊接点要远离二极管的树脂包装根部，并勿使二极管受力，禁忌焊接温度过高和焊接时间过长。

（五）三极管的拆焊技巧

1. 三极管的拆卸及注意事项

（1）从印制电路板上拆下三极管时要一个一个引脚地拆下，并小心线路板上的铜箔线路。

（2）拆下坏三极管时要记住各引脚孔在印制电路板上的位置，安装新三极管时，分辨好各个引脚，核对无误后再焊接。

2. 三极管的安装及注意事项

（1）为了防止虚焊，三极管在装入印制电路板之前，要在引脚上涂锡。涂锡时要用镊子或钳子夹住引脚以利散热。一般焊接三极管用 25W 电烙铁，每次涂锡时间不要超过 10s。

（2）将三极管装入印制电路板时，小功率三极管最好是直插，中功率三极管可用管座进行加固，如图 2-26 所示。

图 2-26　三极管的安装

（3）若因特殊需要将引脚折弯时，要用钳子夹住引脚的根部后再适当用力弯折，而不应将引脚从根部弯折。

（4）焊接时，应使用低熔点焊锡。引脚引线不应短于 10mm，焊接动作要快，每根引脚焊接时间不应超过 2s。

（5）三极管在焊入印制电路板时，应先接通基极，再接入发射极，最后接入集电极。拆下时，应按相反的次序，以免烧坏三极管。在电路通电的情况下，不得断开基极引线，以免损坏三极管。

（6）使用三极管时，要固定好，以免因振动而发生短路或接触不良，并且不应靠近发热组件。对于大功率三极管，应加装有足够大的散热器。

（六）场效应管的拆焊技巧

1. 拆装场效应管及注意事项

（1）拆装场效应管时，必须在关断电源的情况下进行，不允许在未断电时，将管子插入电路或从电路中拔出管子，以确保人身安全。

（2）焊接用的仪器仪表、工作台、电烙铁必须有良好的接地。

（3）在元件架上取下管子时，应以适当的方式确保人体接地（如采用接地环）。

（4）在焊接前应把印制电路板的电源线与地线短接，焊接完毕后才分开。

2. 安装场效应晶体管及注意事项

（1）安装场效应晶体管时，应尽量远离发热元件，以防止受热损坏。

（2）防止管件振动，安装时应将管子紧固起来。

（3）在弯曲引脚时，应在大于管子根部尺寸 5mm 以上处进行，以防止将引脚折断而引起漏气。

（4）MOS 场效应晶体管各引脚的焊接顺序是漏极、源极、栅极，拆机时的顺序相反。为了防止管子击穿，在接入印制电路板时，必须将管子各引线短接，焊接完毕再将短接材料去掉。

（5）印制电路板在装机之前，应用接地线的夹子碰一下机器的各接线端子，然后把印制电路板接上去。

（6）对于功率型场效应晶体管，由于在高负荷条件下运行，为了保持良好的散热条件，所以在安装时，必须按照管子外形设计足够散热片，以确保壳体温度不超过额定值，使器件能长期稳定地工作。

（7）MOS 场效应晶体管的栅极在允许条件下，最好接入保护晶体二极管。以防止场效应晶体管栅极击穿。

（七）集成电路的拆焊技巧

1. 集成电路的拆卸方法

在电路检修中，如果集成电路损坏，必须先将损坏的集成电路从印制电路板上拆卸下来才能更换新的集成电路。但由于集成电路的引脚又多又密，拆卸时不但很麻烦，甚至还会损坏集成电路和印制电路板。下面介绍几种简便且行之有效的方法。

（1）吸锡拆卸法　常用的吸锡拆卸方法有以下两种：一种是金属编织带吸锡法。金属编织带吸锡法，即取一段多股金属编织带，浸上松香精溶液，用电烙铁对集成电路的引脚和编织带同时加温，当加温到一定温度后，引脚上的焊锡熔化被编织带吸附住，然后将编织带吃上锡的段剪去。再用同样的方法去吸其他引脚上的焊锡，待全部引脚上的焊锡被吸完后，用小刀轻轻托起集成电路将其卸下。另一种是采用专用吸焊两用烙铁吸锡法。采用专用吸、焊两用烙铁（功率一般为25～35W）拆卸集成电路时，首先应插上电源加热，当加热到一定程度时，将电烙铁头放在集成电路的引脚上，待焊点熔化后被吸入吸锡器内，全部引脚的焊锡吸完后，再用专用工具将集成电路从印制电路板上拆下。

（2）医用空心针头拆卸法　取一支内径刚好套住集成电路引脚的医用针头和

一个尖嘴电烙铁。使用时用烙铁加热将引脚焊锡熔化，及时用针头套住引脚，然后松开电烙铁并旋转针头，等焊锡凝固后拔出针头，这时该引脚已与印制电路板完全分离开。所有引脚如此做一遍后，集成电路就可取下。

（3）熔焊扫刷拆卸法　用一把电烙铁和一个毛刷，先将电烙铁加热，待加热到一定程度后将集成电路引脚上的焊锡熔化，并趁热用毛刷将熔化的焊扫掉，使引脚与印制电路板完全分开后，再用小刀将集成电路取下。采用熔焊扫刷拆卸法拆卸集成电路时，应注意掌握电烙铁的温度，既要熔化焊点使引脚与印制电路板分离，又不要加热过度，以防止损坏印制电路板。

（4）增焊拆卸法　增焊拆卸法，即在待拆卸的集成电路的引脚上再增加一层焊锡，使每列引脚的焊点连接起来，便于传热。然后再用电烙铁对其加热，并在加热的同时用一只小规格一字螺丝刀轻轻撬动各引脚，一般每列引脚加热两次即可拆卸下来。

（5）拉线拆卸法　对于贴片式集成电路的拆卸可采用拉线法，其做法是：取一根长度和粗细合适的漆包线，将其一端刮净上锡后，如图 2-27 所示，从集成电路引脚的底部穿过，并将这一端焊在印制电路板的某一焊点上，然后按拉线穿过引线的顺序从头至尾用电烙铁对其加热，并在加热的同时用手捏起拉线向外拉，即可使引脚与印制电路板脱离。此法稳当可靠，但要注意的是，必须待所有焊锡完全熔化后，才能用力拉漆包线，否则会造成焊盘起泡，损坏引脚或印制电路板。

图 2-27　拉线拆卸法

（6）用热风枪加热拆卸法　对于微型片状集成电路可采用热风枪加热拆卸，其具体做法是：用尖头电烙铁加热后将松香均匀涂在片状集成电路引脚的四周，以防止焊下时损坏焊盘。启动热风枪，待温度恒定后，将热风枪对集成电路的引脚进行加热，操作时速度要快，使各引脚焊盘均匀熔化。用镊子将集成电路推离焊盘，即可卸下集成电路。

（7）牙签拔取拆卸法　牙签拔取拆卸法，实际上是采用竹制牙签并配合电烙铁来进行拆卸，其具体做法是：右手拿电烙铁将集成电路引脚上的焊锡熔化，左手则持牙签将集成电路的引脚挑离印制电路板，如此反复几次即可拆下集成电路。

2. 集成电路的焊接方法

（1）焊接前的准备工作　集成电路引脚多而密，一块小小的集成电路有几十个甚至上百个引脚，焊接难度很大。因此，在焊接前必须做好以下准备工作。

① 焊接工具：选用功率为 25W 左右的电烙铁，烙铁头应为尖嘴形，并用锉刀修整尖头，防止在施焊时尖头上的毛刺拖动引脚。最好选用降静电且带吸锡器的电烙铁。

② 焊接材料：焊接材料主要是松香、焊锡丝、焊锡膏和天那水、纯酒精等，焊锡丝一定要选用低熔点的。

③ 清理印制电路板：焊接前用电烙铁对印制电路板进行平整，用小毛刷蘸上天那水将印制电路板上准备焊接的部位刷净，仔细检查印制电路板有无起皮、断落现象。若有起皮现象，只需平整一下就可以了，若有断落，则需要用细铜丝连接好。

④ 引脚上锡：新集成电路在出厂时其引脚已上锡，不必做任何处理。如果是用过的集成电路，需清除引脚上的污物，并对引脚上锡和调整处理后才能使用。

（2）焊接集成电路的具体操作

先将集成电路摆放在印制电路板上，将引脚对正，并将每列引脚的首、尾脚焊好，以防止集成电路移位，然后采用"拉焊"法进行施焊。所谓拉焊，就是在电烙铁头上带一小滴焊锡，将电烙铁头沿着集成电路的整排引脚自左向右轻轻地拉过去，使每一个引脚都被焊接在印制电路板上。焊接完毕后，应对每一个焊点进行检查，若某一焊点存在虚焊，可用电烙铁对其补焊、最后用纯酒精棉球擦净各引脚，以除去引脚上的松香及焊渣。

（3）焊接时应注意的事项

① 焊接时使用的电烙铁应不带电或接地。在电烙铁烧热后应拔下电源插头或者应使用烙铁外壳有良好的接地，以避免感应电击穿集成电路。

② 焊接集成电路时要注意其最高温度和最长时间。一般集成电路焊接时所受的最高温度是 250℃、时间为 10s，或 350℃、时间为 3s，这是指一块集成电路全部引脚同时浸入离封装基座平面的距离为 1～1.5mm 所允许的最高温度和最长时间，所以浸焊的最高温度一般应控制在 250℃ 左右，焊接时间应少于 6s。

③ 一些大功率集成电路都有良好的散热条件，在更换集成电路时，应将散热片重新固定好，使之与集成电路紧密接触，以防止集成电路受热损坏。

④ 安装散热片时应注意：在未确定功率集成电路的散热片是否应该接地前，不要随意将地线焊到散热片上；散热片的安装要平，紧固转矩要适中，以免损坏集成电路；安装前应将散热片与集成电路之间的灰尘、锈蚀清除干净，并在两者之间垫上散热硅脂，用以降低热阻；散热片安装后，通常用引线焊接到印制电路板的接地端上。

（八）扁平封装集成电路的焊接

焊接前，先用电烙铁对印制电路板进行平整，用小毛刷蘸上天那水将印制电路板上准备焊接的部分刷净，再进行焊接。双列扁平封装和矩形扁平封装一般用电烙铁（最好）焊接，烙铁头最好选用用斜口扁头。焊接方法如下。

（1）定位　首先把集成电路平放在焊盘上（按照引脚编号把集成电路引脚与印制电路板相应的焊盘对准，不能有错位现象），然后用手按住不动，接着在集成电路四面先焊一、两个脚将集成电路固定在印制电路板上，如图 2-28 所示。

图 2-28　集成电路的定位

（2）堆焊　集成电路固定好后，用烙铁在集成电路四周引脚上全部堆上焊丝（图 2-29），注意焊锡不要太多。

（3）取锡　操作时，既要保证集成电路良好地焊接在印制电路板上，也要避免引脚间短路，取焊时，将印制电路板倾斜，当电烙铁加热时，焊锡便会随烙铁头的移动而向下流动，堆在引脚上多余的锡不断地积聚起来，把烙铁头放入松香中，甩掉烙铁头部多余的焊锡，把粘有松香的烙铁头迅速放到斜着的印制电路板头部的焊锡部分，然后用烙铁反复把积聚的锡取下，这样逐步地把锡取干净。电烙铁加热引脚时，烙铁头不要停留在某一点上，应沿着集成电路的整排引脚自左向右迅速轻轻地拉过去（图2-30），使锡始终处于熔化状态，利于多余的焊锡向下流动。

图 2-29　堆焊示意图

图 2-30　拉焊示意图

　　为了保证焊接质量，拉焊时应注意以下几点：①为了防止引脚与引脚之间粘连在一起，可在焊接前将松香制成粉末撒在集成电路的引脚上，这样引脚与引脚的间隙处就不会留有焊锡；②拉焊时最好来回拉两次，以保证每个引脚不存在虚焊；焊接完成后用小毛刷蘸少许天那水将松香刷干净，再认真检查无误后，再通电试机。

　　【提示】使用旧集成电路时应首先对集成电路进行适当的处理（如修正有偏差的脚位置，将每个脚都调整到一平面上；重新上薄锡），而新贴片集成电路引脚出厂时已上过锡了，并且各个脚位置很正，焊接时直接焊到印制电路板上去即可。

焊接时必须细心谨慎，提高精度。

（九）BGA 封装集成电路的焊接

BGA 封装（球栅阵列封装）集成电路不是通过引脚焊接，而是利用焊锡球来焊接，利用封装的整个底部来与印制电路板连接，故这种封装形式比较容易虚焊，焊接时要特别注意。BGA 封装集成电路焊接时所需的工具及焊接方法如下。

1. 焊接工具

（1）植锡板　植锡板是用来为 BGA 封装集成电路植锡安装引脚的工具，其外形如图 2-31 所示。常见的植锡板有连体和专用的两种。

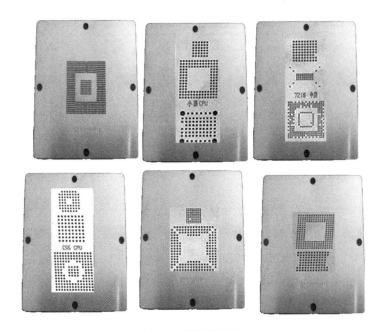

图 2-31　植锡板的外形

（2）锡浆和助焊剂　锡浆是用来焊引脚的。选用锡浆最好使用瓶装的，且质量较好。

（3）热风枪　由于 BGA 封装集成电路的外形较大，而且引脚在芯片下方，故应选用有数控恒温功能的热风枪，去掉风嘴直接吹焊。

（4）清洗剂　清洗剂最好用天那水，因为它对松香助焊膏等有极好的溶解性。

2. 焊接方法

焊接时主要有以下步骤。

（1）清洗。由于此类集成电路引脚均在下面，无法用锡焊接，所以要先在焊盘上涂抹助焊膏，然后用电烙铁将集成电路上的残留焊锡去除，再接着用天那水清洗干净。

（2）固定。将植锡板放在集成电路上后，如图 2-32 所示，用镊子按住它（也可用卡座将芯片固定），然后进行下一步操作。

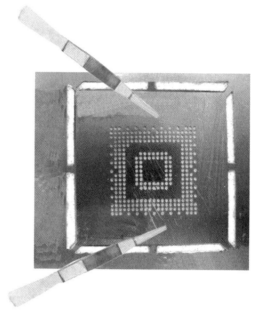

图 2-32　用镊子按住植锡板

（3）上锡。选择稍干的锡浆，用平口刀挑适量锡浆到植锡板上，用力往下刮，边刮边压，使锡浆均匀地填充于植锡板的小孔中。为了避免植锡板和芯片之间出现空隙，而影响上锡效果，故上锡时要注意压紧植锡板。

（4）吹焊。将热风枪的风嘴去掉，将风量调大，温度调到 350℃左右，摇晃风嘴对着植锡板缓慢均匀加热，使锡浆慢慢熔化。

注意：由于 BGA 锡浆在加热后会变成锡球，所以在锡变为固态之前不要取下集成电路，也不要在集成电路冷却之前取下集成电路，但不要等到集成电路完全变冷，这样会使得取下集成电路变得很困难，因为集成电路会粘在植锡板上。

（5）调整。吹焊完成后，如仍有些锡球大小不均匀（或个别脚没植上锡），可先用裁纸刀沿着植锡板的表面将过大锡球的露出部分削平，再用刮刀将锡球过小和没植上锡的脚填满浆，然后用热风枪再吹一次。如图 2-33 所示为植好锡的芯片外形。

（6）定位。在植好球的模块上吹上一点松香，然后将集成电路放在焊盘上，集成电路上的凹点对准印制电路板上的白点，集成电路边沿对准内白线框进行安装固定。注意不要放得太正，要故意放歪一点，但不要歪得太厉害。

（7）焊接。BGA 封装集成电路定好位后，就可用热风枪均匀加热集成电路上

图 2-33　植好锡的芯片外形

部来完成焊接，焊接时间约 30s。方法是：把热风枪调节至合适的风量和温度，让风嘴的中央对准芯片的中央位置缓慢晃动，均匀加热。当看到集成电路往下一沉且四周有助焊剂溢出时，说明锡球已和印制电路板上的焊点熔合在一起，这时可以继续吹焊片刻，使加热均匀充分。由于表面张力的作用，BGA 封装集成电路与线路板的焊点之间会自动对准定位。当确定其是否自动对准定位时，可用镊子轻轻推动 BGA 封装集成电路，如果芯片可以自动复位则说明芯片已经对准位置。

【提示】

① 抹锡膏要均匀。锡膏不用时要密封，以免干燥后无法使用。

② 风枪吹焊植锡球时，温度不宜过高，风量也不宜过大，否则锡球会被吹在一起，造成植锡失败，温度不应超过 350℃。

③ 加热过程中切勿用力按住 BGA 封装集成电路，否则会使焊锡外溢，极易造成脱脚和短路。

④ 焊接时要注意不要摆动 BGA 封装集成电路。

⑤ 在植锡时，如果锡浆太薄，可以取出一点放在餐巾纸，把助焊剂吸到纸上，这样的锡浆比较好用。

⑥ 每次植锡完毕后，要用清洗液将植锡板清理干净，以便下次使用。

（十）贴片集成电路的拆卸

贴片式集成电路引脚多且密集，一片小小的贴片式集成电路少则几十脚，多则一百余脚，如果盲目拆卸和焊接就可能导致集成电路和整块电路板的损坏。拆卸贴片集成电路可采用以下方法。

（1）堆锡法　堆锡法就是在集成电路的各个引脚上灌满焊锡，此法比较简单，只需要一把20W尖头电烙铁，但它只适用于双列扁平封装式集成电路，而且要求操作者要非常熟练。其具体操作如下：首先将少量焊锡熔化，分别堆焊在集成电路的两列引脚上，然后用烙铁头沿着集成电路的引脚进行快速来回移动加热，以便对此列引脚同时加热，等引脚上的焊锡都熔化，集成电路开始松动，这时用镊子将这列引脚轻轻撬起，脱离印制电路板。另外还可以把电路板反扣在桌上一拍，集成电路和多余的焊锡就会应声掉下，但使用此法时应掌握两个技巧：一是要尽快使四周的焊锡都熔化和保持焊锡熔化；二是掌握反扣的时机和反扣的力度。

🔓 **【提示】**堆焊时，焊锡不要堆得太多，否则烙铁头散热太快会影响对引脚的加热，也容易造成周围印制线的损坏。

（2）加热法　加热法就是用热风枪对集成电路引脚的上焊锡进行加热，以便达到拆卸的目的。由于用热风枪取集成电路比较方便，不容易损坏器件和印制电路板，所以采用贴片形式封装的集成电路都可用该方法。具体操作方法如下。

① 首先应在芯片的表面涂放适量的助焊剂，这样既可防止干吹，又能帮助芯片底部的焊点均匀熔化。

② 由于贴片集成电路的体积相对较大，在吹焊时可采用大嘴喷头，喷头要垂直焊接面，距离要适中。热风枪的温度和气流要适当，温度可调至3～4挡，风量可调至2～3挡，风枪的喷头离芯片2.5cm左右为宜。

③ 用热风枪对集成电路四周的引脚循环均匀加热，待所有引脚上的焊锡熔化后，将印制电路板在工作台上轻轻一抖，或用镊子轻轻一撬，集成电路便脱落下来。

④ 集成电路取下后，必须将焊盘上剩余的锡取干净，达到焊盘干净、平整、无短路现象，以便下一步集成电路的安装。方法是用烙铁在焊盘上来回烫一遍即可，之后最好检查一下焊盘有无短路、损坏现象。

（十一）电阻器的代换

电阻器的代换方法如下。

（1）电阻器是电气设备中用量最大的一种元器件，当出现故障后，最好是用同阻值、同类型、同功率的电阻器代换。

（2）当无同型号的电阻器时，可用阻值相同，功率大的电阻器代换功率小的电阻器（注意：反过来不能直接代换）或用几个阻值较小的电阻器串联代替大阻值的电阻器。也可用几个阻值较大的电阻器并联代替小阻值的电阻器。但不管是串联还是并联，各电阻器上分担的功率数不得超过该电阻器本身允许的额定功率。

（3）代换的电阻器应采用原材质，如氧化膜电阻器的耐热、耐压性能好，可代替金属膜电阻。水泥电阻（功率大、体积大）、光敏电阻器、压敏电阻器还有温度补偿电阻器（正温度系数电阻，负温度系数电阻），阻燃/熔断电阻器等特殊用途电阻器不能随便代用，也不要轻易用普通电阻器代替精密电阻器（五色环）。用于保护电路取样的电阻器要采用原值、等功率电阻器代用。

（4）保险电阻器的代换。当保险电阻器烧坏，应先查明烧保险电阻器的原因，绝不允许盲目更换，更不能用普通电阻器代换；若无同型号保险电阻器，可用与其主要参数相同的其他型号保险电阻器代换或用电阻器与熔断器串联后代用；用电阻器与熔断器串联来代换熔断电阻器时，电阻器的阻值应与损坏熔断电阻器的阻值和功率相同。更换保险电阻器时不能直接用铜丝短路。

（5）固定电阻器的代换。普通固定电阻器损坏后，可以用额定功率、额定阻值均相同的碳膜电阻器或金属膜电阻器代换；碳膜电阻器损坏后，可以用额定功率及额定阻值相同的金属膜电阻器代换。若没有同规格的电阻器，也可以用电阻器串联或并联的方法作应急处理。

（6）热敏电阻器的代换。热敏电阻器损坏后，若无同型号的产品，则可选用与其类型及性能参数相同或相近的其他型号敏感电阻器代换。消磁用 PTC 热敏电阻器可以用与其额定电压值相同、阻值相近的同类热敏电阻器代用。压缩机启动用 PTC 热敏电阻器损坏后，应使用同型号热敏电阻器更换或与其额定阻值、额定功率、启动电流、动作时间及耐压值均相同的其他型号热敏电阻器代换，以免损坏压缩机。温度检测、温度控制用 NTC 热敏电阻器及过电流保护用 PTC 热敏电阻器损坏后，只能使用与其性能参数相同的同类热敏电阻器更换，否则也会造成应用电路不工作或损坏。

（7）压敏电阻器的代换。压敏电阻器损坏后，应更换与其型号相同的压敏电阻器或用与其参数相同的其他型号压敏电阻器来代换。代换时，不能任意改变压敏电阻器的标称电压及通流容量，否则会失去保护作用，甚至会被烧毁。

（8）光敏电阻器的代换。光敏电阻器损坏后，若无同型号的光敏电阻器，则可以选用与其类型相同、主要参数相近的其他型号光敏电阻器来代换。光谱特性不同的光敏电阻器（例如可见光光敏电阻器、红外光光敏电阻器、紫外光光敏电阻器），即使阻值范围相同，也不能相互代换。

（9）贴片电阻器的代换。贴片电阻器的代换，除了要求电阻值一样外，还需注意尺寸和功率。如在小信号电路（如单片机主板电路），若尺寸不一致，焊接安装较困难。代换贴片电阻器时应注意以下几点。

① 部分模拟信号处理电路，如运算放大器电路，对输入、反馈电阻的阻值要求严格，代换时阻值应一样，不得差异过大，否则会引发电路工作异常。

② 用于数字电路的贴片电阻器，如上拉/下拉电阻器、隔离电阻器等，其阻值有一定范围，只要令信号电压变化明显，符合高、低电平的要求即可。实修时，若手头无同阻值元件，则可用阻值接近的元件代换，一般不会影响电路性能，如

4.7kΩ 电阻器损坏，用 5.1kΩ 或 6.8kΩ 电阻器均可以进行代换。

③ 用非贴片元件代换。贴片电阻器的损坏率极低，一般情况下，开关管引脚外接电阻器，或驱动电路中的贴片电阻器，易遭受强电冲击而损坏，其他电路的贴片电阻器很少损坏。贴片电阻器损坏后，可换用 1/4W 或 1/8W 普通电阻器，但阻值应相同或接近。另外，在焊接时应注意对引脚进行整形，尽可能使引脚短些。若有必要，还可在换上的普通电阻器表面涂覆 704 胶以加固。

（十二）电容器的代换

电容器代换方法如下。

（1）一般对于击穿和漏电的电容器，要先拆下原电容器，然后再焊上新的电容器。

（2）对于开路故障或容量不足的电容器时，可以用一个新电容器直接焊接在该电容器背面焊点上，不必拆下原电容器。

（3）电容器损坏后，原则上应使用与其类型相同、主要参数相同、外形尺寸相近的电容器来更换。但若找不到同类型电容器，也可用其他类型的电容器代换。可以用耐压值较高的电容器代换容量相同，但耐压值低的电容器。代用电容在耐压，温度系数方面均不能低于原电容器。

（4）容量小于 1pF 的固定电容器一般无极性，它的两根引脚可以不分正、负，但是对有极性电容不行，必须注意极性。

（5）安装电容器时要目测一下所更换电容器的大小，确定安装后不会影响到周边的其他元器件。

（6）贴片电容器的代换

① 无标识贴片电容器的代换。这类贴片电容器的故障率较低。若有损坏时，可参考同类电路找出该电容器的容量，或根据外围电路的特点估计其容量，然后用普通的同容量瓷片电容器或涤纶电容器来代换，但焊接时引脚应尽量短，且焊接牢靠。对于无标注的矩形状贴片电容器，要注意容量和尺寸（便于安装）。

② 有极性（有标识）贴片电容器的代换。贴片有极性电容器的损坏率也不高。损坏后，如果安装空间许可，可用普通的同容量和耐压符合要求的电解电容器来代换。当然，应尽可能选用质量优良（温度系数小，性能稳定）的电解电容器，焊接时引脚要短，并且焊接后最好涂上 704 胶。

【提示】在实际维修中，若有极性贴片电容器损坏，但从标识上无法识别其参数，这时可采用参考该电路板上同类电容器的方法来确定，因为大多数电路板上一般有多只外形相同的贴片电容器。对于耐压，可按照"比供电电源至少高一级别"的原则进行选取，例如该电源供电为 5V，这时贴片电容器的耐压选择 6.3V、10V、16V 均可。

（十三）电感器的代换

电感器的代换方法如下。

① 电感线圈必须原值代换（匝数相等，大小相同）。

② 贴片电感器只需大小相同即可，还可采用以下方法进行代换：一是在废旧电路板上找到外形相近的电感器，然后进行代换；二是估计其电感量与流过的电流值，用普通带引脚的电感器代替，并用绝缘胶固定在电路板上；三是根据损坏电感器的匝数及线径，自行绕制电感器代换；四是对于起电源滤波作用的电感器，应急维修时可用导线短接代替。

③ 小型固定电感器与色环电感器之间，只要电感量、额定电流相同，外形尺寸相近，可以直接代换作用。

④ 在装配线圈时，应先用万用表检查线圈是否断路，还应注意电感器之间的相互位置，以及与其他元器件的位置应该符合要求，反之，产生的分布电容器会导致整机不能正常工作。

⑤ 电感器在安装时应注意接线正确，如果误接入高压电路，会烧坏线圈及其他元器件。

⑥ 带屏蔽罩的线圈检修完后还应焊好屏蔽罩，另外还应特别注意，屏蔽罩与线圈不能短路，反之，整机不能工作。

⑦ 电视机中的行振荡线圈，应尽可能选用同型号、同规格的产品，反之，会影响其安装及电路的工作状态。偏转线圈一般与显像管及行、场扫描电路配套使用，但只要其规格、性能参数相近，即使型号不同，也可相互代换。

（十四）二极管的代换

二极管的代换方法如下。

① 当怀疑原二极管击穿或性能不良时，一定要将原二极管拆下再接上新的二极管。

② 若原二极管为开路故障时，可以先不拆下原二极管而直接用一个新二极管并联上去（焊在原二极管的引脚焊点上）。

③ 当确定损坏后，拆下原二极管前先看清二极管的极性，焊上新二极管时也要看清引脚极性，正、负引脚不能接反，反之，电路不能正常工作。

④ 二极管损坏后做更换处理时，应尽可能地用同型号的二极管进行更换。如无同型号，所代换的二极管的制作材料、类型和导电极性应与原管完全相同。反之，接入电路后无法工作选配二极管时，注意不同用途之间的二极管不宜代用，硅二极管和锗二极管之间也不能代用。

⑤ 所选用代换二极管的极限参数，即最大整流电流、最大允许正向电流、最高反向击穿电压、最大反向工作电流等应当等于或大于原二极管，反之，代换后

会因不能承受电路工作条件而损坏。

⑥ 结构形式的选择：电源整流二极管应当选用面接触型。

⑦ 频率选择：工作在行输出级中的阻尼、中低压整流、升压等二极管，一定要选用高频整流二极管，而不能用低频二极管。因为低频管的频率为3kHz，而行扫描级的工作频率为15.625kHz，如果用低频二极管代换，不能满足行输出级电路的工作要求，造成开关速度滞后，使代换管损耗增大发热而损坏。

⑧ 对于进口二极管应先查晶体管手册，再选用国产二极管来代用，也可以根据二极管在电路中的具体作用以及主要参数要求，选用性能参数相近的二极管代用。

⑨ 可用两只或多只稳压二极管串联等值代用另一只稳压管（满足功率要求情况下）。注意不可反过来代用，若原机是采用两只或多只二极管相串联使用，是为了抑制温漂，起温度补偿作用，若用一只等值二极管代换之，则整机性能变差。

⑩ 代换时应考虑管的外部结构、尺寸与原二极管相同或大致相同，以便于安装。

（十五）三极管的代换

三极管的代换方法如下：目前三极管的种类型号有成千上万，这就给三极管的代换带来了条件。但在代换时，必须注意对原管进行了解，才能进行代换。对原管进行了解，主要有以下几个方面。

① 制造材料及极性：是硅管还是锗管；NPN 还是 PNP 极性。硅管和锗管之间不能代换；NPN 型和 PNP 型三极管之间不能代换。

② 性能：是通用三极管还是开关三极管。

③ 结构：是普通三极管还是带阻三极管、达林顿三极管或复合式三极管等。代换时应区分是否带阻尼，不带阻尼的行输出管，应急时可以代替带阻尼的行输出管，但要另外加并阻尼二极管。当然，电源开关管是不带阻尼的，不能用带阻尼的三极管去代换。

④ 工作频率：是高频三极管还是低频三极管。

⑤ 特殊要求：如高反压、低噪声等。

⑥ 主要技术参数：如耐压性能、放大性能、功率等。

⑦ 外形：如体积大小，引出脚位置等等。大功率管外形差异较大，最好选选择与原封装相同的管子，以满足和接近原来的散热条件。

查资料，从资料中查找适合代换的三极管。从《元器件手册》或生产厂家的数据手册中查找与原管性能、功能、结构、封装及参数相似的三极管进行试验或代换。

【提示】由于三极管在不断地更新换代，仅依靠现有的数据手册是不够的。对于维修人员来说，平时要注意收集各大半导体厂家的资料，这些资料不仅有各种参数、封装形式、型号代码，有的资料还标注了可代用型号，以备选用、代换时使用。

（十六）场效应管的代换

场效应管代换方法如下：场效应管和三极管、二极管一样，其击穿或损坏后不能修复，只有更换或代换新件。进行场效应管的代换时，除了同材料、同规格的可以代换之外，一般情况下可用大功率、大电流、高电压的代换小功率、小电流和小电压的场效应管，但应注意使用环境和使用条件，不得过大，反之，由于电路工作点改变，场效应管难以正常工作。所以一般采用同类型且参数相近的元器件时行代换。

（十七）晶闸管的代换

晶闸管一旦击穿或损坏就不能修复，只有更换或代换新的晶闸管。选用新器件时，必须注意以下几点。

（1）外形必须完全相同。外形不同就无法安装。例如螺栓式晶闸管就不能用平板式晶闸管代用。

（2）电性能参数必须符合电路的要求。有些晶闸管虽然外形基本相同，但其电性能参数却差距很大，因此在选用时，如果不考虑电路的要求，将会造成电路不工作，甚至导致新器件损坏。

晶闸管的参数很多，但电路设计时一般都留有较大的余量，所以在更换晶闸管时只要注意以下几个主要参数相近就可以了。

① 额定电流：指通常平均电流。

② 额定电压：指最高峰值电压。

③ 触发电流：指门极触发电流。

④ 触发电压：指门极触发电压。

在上述四个参数中，又以额定电流和额定电压为最重要。对于触发电流和触发电压这两个参数，如果应用电路有具体要求，应按给出的参数选用。如没有具体要求就可以任意选用。在一般情况下，只要所选的晶闸管其额定电流和额定电压这两个参数相符合，一般都能触发导通。

（十八）光电耦合器的代换

在维修中需要代换光电耦合器时，最好先弄清其类型再进行代换。光电耦合器的封装形式与内部结构、电路功能完全是两回事。外形相同的光电耦合器，功能可能完全不同；功能相同的电路也可以用不同的封装。故选用或代换光电耦合器时，只能以其型号为根据。

（十九）晶振的代换

晶振的种类很少，晶振损坏，就可用代换法将晶振替代。晶振的稳频电容（晶振周围两个浅色贴片电容 10～18pF 之间）必须原值代换。

（二十）集成电路的代换

集成电路的代换分为直接代换和非直接代换两种。其中，直接代换是指使用同型号或不同型号的集成电路不经任何改动而代换原集成电路，代换后不影响机器的主要性能与指标。非直接代换是指对代换的集成电路增减个别组件或修改引脚的排列，使之成为可代换的集成电路后再进行代换的一种方法，两种代换方法如下。

1. 直接代换

直接代换的原则是：用于代换集成电路的功能、主要技术参数、封装形式、引脚用途、引脚排列形式及序号等均与原集成电路相同。同时，还要求它的逻辑极性，即输出输入电平极性、电压、电流幅度也必须相同。对于虽然功能相同，而逻辑性不同的集成电路则不能直接代换。在可直接代换的集成电路中又分为同一型号和不同型号两种。

（1）同一型号集成电路的代换　采用同一型号集成电路代换是一种最理想的选择，只要在安装时不搞错方向，一般是可靠的。也有一些单列直插式功放集成电路，虽然型号、功能、特性均完全相同，但引脚排列顺序的方向往往有所不同，因此在代换时应注意区分。

（2）不同型号集成电路的代换　不同型号集成电路的代换一般有以下三种情况。

第一种情况：型号前缀字母相同，数字不同，但引脚功能完全相同，如伴音中放集成电路（LA1363）和集成电路（LA1365），后者与前者所不同的只是第 5 脚内部增加了一个稳压二极管，其他完全一样，这两种集成电路可以互换。

第二种情况：型号前缀字母不同，数字相同。一般情况下，只要数字相同，说明性能和基本参数是相同的，可以直接代换。但也有少数集成电路虽然数字相同，却不能直接代换。因为前缀字母除用来表示生产厂家代号外还表示电路类别，不同类别的电路其功能完全不一样。例如 HA1364 是伴音集成电路，而 μPC1364 是色解码集成电路，它们之间不能直接代换。

第三种情况：型号前缀字母和数字都不相同，但功能却完全相同。这些产品多为改进型产品，例如，μPC1380 与 AN380 二者的功能完全相同，只是在命名时后缀数字有所区别，可以直接代换。对于这一类型产品的代换，千万不能盲从，不但要从数据方面对二者的基本功能加以比较，还应根据实物的结构（如引脚）

加以比较，完全确认后才能代换。

2. 非直接代换

非直接代换的原则是：代换所用的集成电路与原集成电路的功能必须相同，特性相近，且体积的大小应相差不大，不影响安装。非直接代换是一项很细致的工作，具体操作时，应注意以下几个方面。

① 集成电路引脚的编号顺序切勿接错。

② 在改动时应充分利用原印制电路板上的脚孔和引线，以保持电路的整洁。

③ 外接引线要整齐规范，避免前后交叉，以便于检查和防止电路自激。

④ 代换后应对其静态工作电流进行检测，如电流远大于正常值，则说明电路可能产生自激，可进行退耦、调整处理。若增益出现异常，可调整反馈电阻阻值，使之在原来的范围之内。

⑤ 对于代换时改动量较大的集成电路，应在通电前在电源 VCC 回路上串接一个电流表，并观察集成电路总电源的变化是否正常，防止出现异常情况而造成电路损坏。

非直接代换的方法如下。

（1）同类型不同封装集成电路的代换　对于同类型而封装形式不同的集成电路，其引脚功能应该是相同的，只是引脚的排列方式和排序有些不同而已，代换时应首先对用来代换的集成电路的引脚按原集成电路的引脚排列进行整形处理，使二者的引脚排列一样，再接入电路即可使用。

（2）电路功能相同但个别引脚功能不同集成电路的代换　代换前应对新集成电路和原集成电路引脚的功能进行比较，参看相关资料找到不同点后才能进行。例如，电视机中的 AGC、视频信号输出有正、负极性区别，只要在输出端加接倒相器即可找换。

（3）用分立组件代换　用分立组件代换，实际上就是对集成电路中的损坏组件进修复，使其恢复功能。由于集成电路是由很多分立组件组成的，代换时，必须对该集成电路的以下三个方面有所了解。

① 电路的基本结构、工作原理、引出脚的正常电压、波形图及外围组件组成电路的工作原理。

② 用分立组件代换后，信号能否从集成电路取出接至外围电路的输入端。

③ 经外围电路处理后的信号，能否连接到集成电路内部的下一级去进行处理。

第三讲

元器件识别与检测

电阻器的识别与检测实训

1. 电阻器型号的识别

电阻器的型号命名方法如表 3-1 所示。

表 3-1　电阻器的型号命名方法

第一部分：表示电阻器的主称		第二部分：表示电阻器的电阻体材料		第三部分：表示电阻器的类别或额定功率				第四部分：表示电阻器的生产序号
字母	含义	字母	含义	数字或字母	含义	数字	额定功率	
R	电阻器	C	高频瓷或沉积膜	1	普通	0.125	1/8W	用数字表示该电阻器的外形尺寸及性能指标
				2	阻燃	0.125	1/8W	
		F	复合膜	3 或 C	超高频	0.25	1/4W	
		H	合成碳膜	4	高阻	0.25	1/4W	
		I	玻璃釉膜	5	高温	0.5	1/2W	
		J	金属膜	7 或 J	精密类	0.5	1/2W	
		N	无机实心	8	高压类	1	1W	
		S	有机实心	T	特殊类	1	1W	
		T	碳膜	G	高功率	2	2W	
		U 或 P	硅碳或硼碳膜	L	测量型	2	2W	
		X	线绕	T	可调	3	3W	
		Y	氧化膜	X	小型	3	3W	
				C	防潮	5	5W	
		O	玻璃膜	Y	釉膜	5	5W	
				B	不燃类	10	10W	
RC	贴片电阻器	第二部分为型号，如 02、03、04、05、06 等		第三部分为温度系数代号，如 K、L、U、M				

说明：以上为普通电阻的型号命名方法，有的普通电阻还有第四项，即产品序号。普通电阻的阻值一般采用色环或数字进行标识

对于贴片电阻，由于其体积特别小，采用在保护层表面上标识四位数字的方法进行标注，即前两位数字表示外形的长度，两位数的中间为小数点，后两位数字表示外形的宽度，两位数的中间为小数点，单位为 mm。例如 1005，表示长为 1.0mm，宽为 0.5mm

贴片电阻的阻值大小用三位数字表示，即前两位表示贴片电阻器标称阻值的有效数字，第三位表示倍乘，即"0"的个数，单位为 Ω。如果电阻值为小数，则用 R 表示小数点。例如 4R7k 表示为 4.7kΩ

示例：RJ5 表示金属膜高温电阻器，RX8 表示线绕型高压电阻器

2. 色环电阻的识别

色环电阻是在电阻封装上（即电阻表面）涂上一定颜色的色环（有三道色环、四道色环、五道色环和六道色环），来代表这个电阻的阻值，各种颜色色环的表示内容如图 3-1 所示。色环标示主要应用圆柱形的电阻器上，如碳膜电阻、金属膜电阻、金属氧化膜电阻、熔断电阻、绕线电阻。

颜色	银	金	黑	棕	红	橙	黄	绿	蓝	紫	灰	白	无
有效数字	—	—	0	1	2	3	4	5	6	7	8	9	
数量级	10^2	10^1	10^0	10^1	10^2	10^3	10^4	10^5	10^6	10^7	10^8	10^9	—
允许偏差/%	±10	±5	—	±1	±2	—	—	±0.5	±0.25	±0.1	±0.05	—	±20
温度关系 /10^{-1}℃$^{-1}$	—	—	—	100	50	15	25	—	10	5	—	1	

图 3-1　各种颜色色环的表示内容

（1）三色环电阻的识别　三色环电阻就是指用三条色环表示阻值的电阻，第一条色环表示十位数，第二条色环表示个位数，第三条色环表示倍率，如橙、白、黑表示 39Ω；橙、白、橙表示 39kΩ；橙、白、蓝表示 39MΩ。

（2）四色环电阻的识别　四色环电阻就是指用四条色环表示阻值的电阻，从左向右数，如图 3-2 所示。第一道色环表示十位数（表示阻值的最大一位数字），第二道色环表示表示个位数（第二位数字），第三道色环表示倍率（表示阻值倍乘的数，数字后面添加"0"的个数），第四道色环表示误差（表示阻值允许偏差，即精度）。

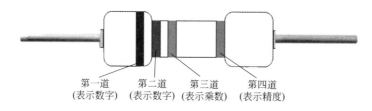

第一道　　第二道　　第三道　　　第四道
(表示数字)　(表示数字)　(表示乘数)　(表示精度)

图 3-2　四色环电阻表示方法

例如一个电阻第一环为红色（代表 2）、第二环为紫色（代表 7）、第三环为棕色（代表 1）、第四环为金色（±5%），那么这个电阻的阻值应该是 270Ω，阻值的误差范围为 ±5%；另一个电阻第一环为棕色（代表 1）、第二环为黑色（代表 0）、第三环为橙色（代表 3）、第四环为绿色，那么这个电阻的阻值应该是 $10×10^3 =$ 10000Ω，阻值误差范围为 ±0.5%。

（3）五色环电阻的识别　五色环电阻就是指用五条色环表示阻值的电阻，从左向右数，如图 3-3 所示。第一条色环表示百位数，第二条色环表示十位数，第三条色环表示个位数，第四环表示有效数字的倍率，用 10× 来表示，第五环表示误差（为阻值允许偏差，即精度），多数棕色 1%。五色环电阻的第四和第五环相隔距离比较大。

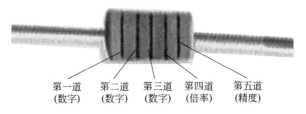

第一道 第二道 第三道 第四道 第五道
（数字）（数字）（数字）（倍率）（精度）

图 3-3 五色环电阻表示方法

例如一个五色环电阻，第一环为红（代表 2）、第二环为红（代表 2）、第三环为黑（代表 0）、第四环为黑（代表 0）、第五环为棕（代表±%）则其阻值是 $220×1=220\Omega$，误差范围为±1%；另一个电阻第一环为黄色（代表 4）、第二环为紫色（代表 7）、第三环为黑色（代表为 0）、第四环为橙色（代表×10^3）、第五环为棕色（代表为±1%），那么这个电阻值为 470kΩ，误差范围为±1%。

（4）六色环电阻 六色环电阻就是指用六色环表示的阻值的电阻，如图 3-4 所示。第一条色环表示百位数，第二条色环表示十位数，第三条色环表示个位数，第四条色环表示倍率，第五条色环表示误差（前五条色环与五色环电阻的表示法一样），第六条色环表示电阻的温度系数，单位为 ppm，$1ppm=10^{-6}$（百万分之一）。

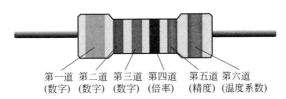

第一道 第二道 第三道 第四道 第五道 第六道
（数字）（数字）（数字）（倍率）（精度）（温度系数）

图 3-4 六色环电阻表示方法

例如一个六色环电阻，第一环为红色（代表 2）、第二环为红色（代表 2）、第三环为黑色（代表 0）、第四环为棕色（代表 10）、第五环为紫色（代表±0.1%）、第六环为橙色（代表 15ppm），那么这个电阻的阻值为 2.2kΩ、误差范围为±0.1%、温度系数为 15ppm。

（5）特殊电阻的识别 若五色环电阻的第五条色环为黑色，则表示其为绕线电阻器；若第五条色环为白色，则表示其为熔断电阻器；若电阻只有一条黑色色环，则表示其为零欧姆电阻。

【提示】识别色环电阻的阻值其实不用记忆，只要从手机上下载一个色环电阻查询器的 APP 软件（如图 3-5 所示）就可以通过手机直接查询到色环电阻的阻值和误差，非常方便。

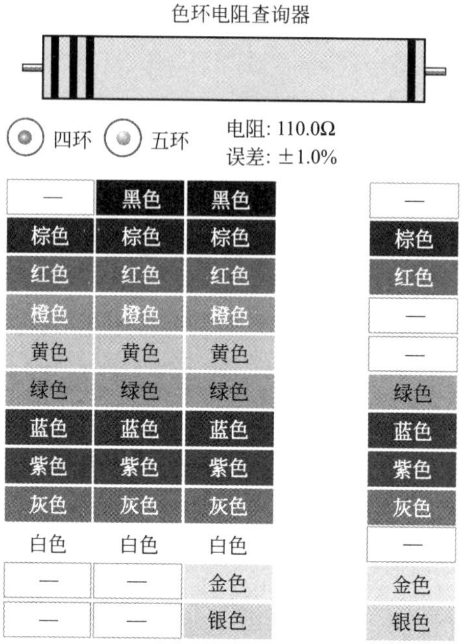

图 3-5 色环电阻查询器的 APP 软件界面

3. 贴片电阻标注的识别

贴片电阻是电路板上应用数量最多的一种元件，形状有矩形和圆柱形两种，其中矩形贴片电阻基体为黄棕色，其阻值代码用白色字母或数字标注（小型电阻无标识，称为无印字贴片电阻）。贴片电阻在电路板上的元件序列号（常称位号）为 R（如 R_1、R_2 等）。贴片电阻的基本参数有标称阻值、额定功率、误差级别、最高电压、温度系数等，但在实际使用中，只需关注标称阻值和额定功率值这两项参数就可以了。

贴片电阻（片状电阻器）的阻值和一般电阻器一样，阻值通常以数字形式直接标注在电阻本体上。贴片电阻上面的印字绝大部分标识其阻值大小。各个厂家的印字规则虽然不完全相同，但绝大部分遵照一定规则。常见的印字标注方法有"常规 3 位数标注法""常规 4 位数标注法""3 位数乘数代码标注法""R 表示小数点位置""m 表示小数点位置"。

（1）常规 3 位数标注法：XXY   ±5％精度的常规是用三位数来表示，例如 512，前面两位是有效数字，第三位数 2 表示乘零倍率（表示在有效数字后面所加"0"的个数，这一位不会出现字母），基本单位是 Ω，这样就是 5100Ω＝5.1kΩ。举例说明如图 3-6 所示。

（2）常规 4 位数标注法：XXXY   为了区分±5％与±1％的电阻，于是±1％的电阻常规多数用 4 位数来表示，这样前三位是表示有效数字，第四位表示乘零倍率。如 4531 也就是 4530Ω＝4.53kΩ。举例说明如图 3-7 所示。

实际标注	算法	实际值
100	$100=10*10^0=10*1=10$	10Ω
181	$181=18*10^1=18*10=180$	180Ω
272	$272=27*10^2=27*100=2.7k$	$2.7k\Omega$
333	$333=33*10^3=33*1000=33k$	$33k\Omega$
434	$434=43*10^4=43*10000=430k$	$430k\Omega$
565	$565=56*10^5=56*100000=5.6M$	$5.6M\Omega$
206	$206=20*10^6=20*1000000=20M$	$20M\Omega$

图 3-6 常规 3 位数标注法

实际标注	算法	实际值
0100	$0100=10*10^0=10*1=10$	10Ω
1000	$1000=100*10^0=100*1=100$	100Ω
1821	$1821=182*10^1=182*10=1.82k$	$1.82k\Omega$
2702	$2702=270*10^2=270*100=27k$	$27k\Omega$
3323	$3323=332*10^3=332*1000=332k$	$332k\Omega$
4304	$4304=430*10^4=430*10000=4.3M$	$4.3M\Omega$
2005	$2005=200*10^5=200*100000=20M$	$20M\Omega$

图 3-7 常规 4 位数标注法

（3）3 位数乘数代码（Multiplier Code）标注法：XXY $xxxy＝xxx*10y$ 前两位 XX 指有效数的代码，转换为 XXX；后一位 Y 指 10 的几次幂的代码。精度为 $\pm1\%$（F），$\pm0.5\%$（D）举例说明如图 3-8 所示。

实际标注	算法		实际值
51X	51X= $\dfrac{332}{51}$ * $\dfrac{10^{-1}}{X}$	=332*0.1=33.2	33.2Ω
18A	18A= $\dfrac{150}{18}$ * $\dfrac{10^0}{A}$	=150*1=150	150Ω
02C	02C= $\dfrac{102}{02}$ * $\dfrac{10^2}{C}$	=102*100=10.2k	$10.2k\Omega$
36D	36D= $\dfrac{232}{36}$ * $\dfrac{10^3}{D}$	=232*1000=232k	$232k\Omega$

图 3-8 3 位数乘数代码（Multiplier Code）标注法

（4）R 表示小数点位置 如果贴片电阻上标明的数字为 4R7，R 代表单位为欧姆的电阻小数点，所以它的阻值为 4.7Ω；若是 R47 则它的阻值为 0.47Ω。举例说明如图 3-9 所示。

实际标注	算法	实际值	精度
10R	10R=10.0	10Ω	5%
1R2	1R2=1.2	1.2Ω	
R01	R01=0.01	0.01Ω	
R12	R12=0.12	0.12Ω	
100R	100R=100.0	100Ω	1%
12R1	12R1=12.1	12.1Ω	
4R70	4R70=4.70	4.70Ω	
R051	R051=0.051	0.051Ω	
R750	R750=0.750	0.750Ω	

图 3-9　R 表示小数点位置

（5）m 表示小数点位置　有时候用 m 代表单位为毫欧姆的电阻小数点，4m7＝4.7mΩ。举例说明如图 3-10 所示。

实际标注	算法	实际值	精度
36m	36m=36mΩ	36mΩ	5%
5m1	5m1=5.1mΩ	5.1mΩ	
100m	100m=100mΩ	100mΩ	1%
47m0	47m0=47.0mΩ	47.0mΩ	
5m10	5m10=5.10mΩ	5.10mΩ	

图 3-10　m 表示小数点位置

4. 金属膜电阻与碳膜电阻的识别

从制作工艺看，金属膜电阻是用镍铬或类似的合金真空电镀技术，着膜于白瓷棒表面，经过切割调试阻值，以达到最终要求的精密阻值。碳膜电阻是从高温真空中分离出有机化合物——碳，紧密附着于瓷棒表面的碳膜体，而加以适当接头后切割调适而成，并在其表面涂上环氧树脂密封以保护。

从外观上看：金属膜的为五个环（1%），碳膜的为四环（5%）。金属膜的为蓝色，碳膜的为土黄色或是其他颜色（微型电阻过去的国标是按颜色区别，金属膜电阻用红色，碳膜电阻用绿色）。但由于工艺的提高和假金属膜的出现，这两种方法并不是很好，很多时候区分不开这两种电阻，可采用以下方法进行区分：将电阻外表的漆刮去，若是黑色的为碳膜电阻，而白色则为金属膜电阻（注意是外层，不是芯子）。

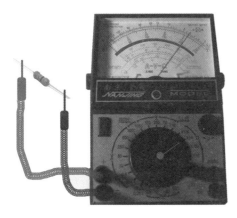

图 3-11　固定电阻器的检测

从型号上看：如果电阻有字母标记的话，第二位表示材料，T 为碳膜电阻，J 为金属膜电阻。

另外还可从结尾色环来看，碳膜电阻的误差一般很大，金属的就很小；从电路里分析，如果电阻用于电路的限流或分压，那么就是耐热的金属膜电阻……

5. 固定电阻器的检测

首先将万用表进行欧姆调零，然后根据被测电阻标称的大小选择量程，将两只表笔（不分正负）分别接电阻器的两端引脚即可测出实际电阻值。然后根据被测电阻器允许误差进行比较，若超出误差范围，则说明该电阻器已变值，如图 3-11 所示。

【提示】（1）测试时应将被测电阻器从电路上焊下来，至少要焊开一个头，以免电路中的其他元器件对测试产生影响；（2）测试几十千欧以上阻值的电阻器时，手不要触及表笔和电阻器的导电部分，否则会造成误差；（3）测量电阻之前和每更换一次测量挡位时都要进行欧姆调零，若没有进行欧姆调零，则测量电阻时，读取的数值会有较大的误差（欧姆调零的方法：将红、黑表笔短接，旋转指针调零旋钮使指针指示在最右边"0"刻度处）。

6. 水泥电阻器的检测

水泥电阻器实际上是固定电阻器的一种，只是结构较普通固定电阻复杂。其检测方法是：首先将挡位旋钮置于电阻挡（Ω挡），然后按被测电阻标称的大小选择量程，再将万用表两只表笔分别和电阻器的引脚两端相接，表针应指在相应的阻值刻度上，如果表针不动和指示不稳定或指示值与电阻器上的标示值相差很大，则说明该电阻器已变值。如图 3-12 所示为水泥电阻的检测示意图。

7. 熔断电阻器的检测

熔断电阻器（保险电阻）好坏的判定方法很多种，如常用的有以下几种。

（1）观察法。在电路中，当熔断电阻器熔断开路后，可根据经验做出判断：若发现熔断电阻器表面发黑或烧焦，可断定是其负荷过重，通过它的电流超过额定值很多倍所致；如果其表面无任何痕迹而开路，则表明流过的电流刚好等于或稍大于其额定熔断值。

（2）指针式万用表检测法。将万用表置于 $R \times 1$ 挡，然后将两只表笔分别接在电阻器的两端引脚上，若测得的阻值为无穷大，则说明此熔断电阻器已失效开路，若测得的阻值与标称值相差甚远，表明电阻变值，也不宜再使用。在维修实践中发现，也有少数熔断电阻器在电路中被击穿短路的现象，检测时也应予以注意。

（3）数字式万用表检测法。如图 3-13 所示，将万用表的挡位旋钮置于电阻挡（Ω挡），然后按被测电阻标称的大小选择量程，然后将两表笔分别搭在待测熔断电阻器两端的引脚上，若测得的阻值为无穷大或远大于它的标称阻值，则说明该熔断电阻器损坏；若测得的阻值等于或接近它的标称阻值，说明所测熔断电阻器正常。

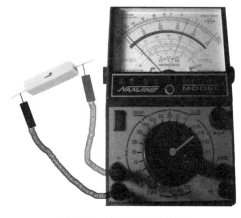 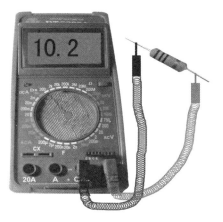

图 3-12　水泥电阻的检测　　　　图 3-13　数字万用表检测熔断电阻器

8. 负温度系数热敏电阻器（NTC）的检测

使用万用表欧姆挡，根据被检测电阻器的标称值定挡位，为了防止万用表的工作电流过大，流过热敏电阻时发热而使阻值改变，可采用鳄鱼夹代替表笔分别夹住热敏电阻器的两个引脚，测量出电阻值，然后捏住热敏电阻，此时指针会随着温度的升高而向右摆动，表明电阻在逐渐减少，当减少到一定数值时，指针摆动。这种现象说明被测热敏电阻器是好的。

上述方法叫做人体加温检测法，但如果环境温度接近体温，用这种方法就不灵，可采用电烙铁加温法，将加热后的电烙铁靠近热敏电阻器，温度升高后阻值同样会减少，指针向右移，说明被测热敏电阻是好的。如果加热后，阻值无变化，则说明该热敏电阻性能不良，不能再使用了。

【提示】用万用表检测负温度系数热敏电阻器时，应注意以下三点。

①使用电烙铁加温时，电烙铁与电阻器不要靠得太近，防止电阻器因过热而损坏。

②使用的万用表内的电池必须是新换不久的，而且在测量前应调好欧姆零点。

③如果测量电阻值，注意不要用手捏住电阻体，以防止人体温度对测试产生影响。

同时负热敏电阻器上的标称值与所测得的阻值不一定相等。因为标称值是生产厂家使用专用仪器在 25℃ 的条件下测得的，而万用表测量时有一定的电流通过热敏电阻而产生热量，而且环境温度不可能正是 25℃，所以会有一定的误差。

9. 正温度系数热敏电阻（PTC）的检测

检测时可使用万用表分两步进行。

（1）常温检测法　将万用表拨至 $R×1$ 挡，在室内温度 25℃ 时，将两只表笔接触 PTC 热敏电阻器的两个引脚测出其电阻值，与标称值对照，二者相差 ±2Ω 内即为正常。若实际测得阻值与标称阻值相差过大，则说明其性能不良或已损坏。

在进行常温检测时，首先应验证室温是否为 25℃，若太高或太低，其实际测得的阻值与标称阻的误差会大些。

（2）加温检测法　加温检测应在常温检测正常的基础进行，其作用是检测正温度系数热敏电阻器在温度变化的情况下阻值变化是否正常。

其方法是：用一电烙铁作热源，靠近 PTC 热敏电阻器对其加热，使用万用表电阻挡，将两只表笔接触热敏电阻器的引脚，正常时，其电阻值应随温度的升高而增大，如果阻值无变化，则说明其性能变劣，不能继续使用。

10. 压敏电阻器的检测

如图 3-14 所示，首先将万用表挡位调整到欧姆挡，然后根据压敏电阻器的标称阻值调整量程，然后进行零欧姆校正（调零校正），再将万用表的表笔分别接在压敏电阻的两个引脚上，若测量压敏电阻两个引脚之间的正、反向绝缘电

图 3-14　压敏电阻器的检测

阻均为无穷大，说明该压敏电阻器正常；若测得压敏电阻器的阻值很小，说明压敏电阻已损坏。

　【提示】压敏电阻器的阻值一般很大，因此在进行检测时，应尽量选择指针式万用表的较大量程（如 $R×1k$ 挡）。

11. 光敏电阻器的检测

光敏电阻器具有电阻值随入射光线的强弱发生变化的特性，因此在使用万用表对光敏电阻器进行检测时，要进行遮光与不遮光测试，其方法如下。

（1）不遮光法（即把光敏电阻器放在一般光照条件下进行检测）。首先将万用

表调至 $R\times 1k$ 挡，然后进行零欧姆校正（调零校正），把两只表笔分别接在光敏电阻器两端的引脚上进行检测。若万用表的指针可以读出一个固定电阻值，说明该电阻器工作正常；若测得的电阻值趋于零或无穷大，说明该电阻器损坏。如图 3-15 所示为光敏电阻器不遮光法检测。

（2）遮光法。将光敏电阻盖住（使其处于完全黑暗的状态下），将万用表调至 $R\times 1k$ 挡，然后进行零欧姆校正（调零校正），把两只表笔分别接在光敏电阻器两端的引脚上进行检测。此时万用表的指针基本保持不动，阻值接近无穷大（此值越大说明光敏电阻性能越好），说明该电阻器正常；若此值很小（或接近为零）或与一般光照条件下的阻值相近，说明该电阻器已损坏。如图 3-16 所示为光敏电阻器遮光法检测。

图 3-15　光敏电阻器不遮光法检测　　　　图 3-16　光敏电阻器遮光法检测

12.排电阻器的检测

如图 3-17 所示，首先将指针式万用表挡位调至欧姆挡，根据排电阻器上的标称值，选择万用表的量程（如 $R\times 1k$）；然后将万用表的红黑表笔分别接在排电阻器两端的两个引脚上进行检测，此时测得的电阻值应与标称阻值相近，反之，说

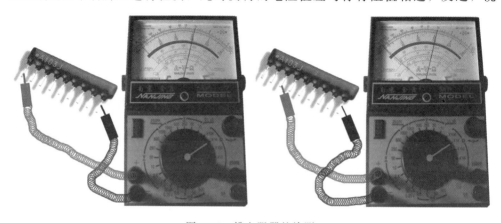

图 3-17　排电阻器的检测

明该电阻损坏；保持一只表笔不动，用另一只表笔检测排电阻器的另外几只引脚，若测得的阻值同第一次测量的阻值相同，则说明该电阻器正常，如果测得的阻值都为无穷大或其中一个引脚的阻值为无穷大，则表明该排电阻器损坏。

🔓　【提示】在对排电阻器进行检测时，表笔与其他引脚不要短路，防止造成检测结果不准确。

13. 贴片电阻的检测

（1）外观的检查　检查电阻表面二次玻璃体保护膜应覆盖是否完好，若出现脱落，表明电阻可能已经损坏；电阻表面应平整，若出现凹凸现象，可能已经损坏；电阻引出端的电极应平整、无裂痕，如果出现裂纹，说明可能已经损坏；电阻本体若出现变形，可能已经损坏。

（2）用万用表进行检测　就是利用万用表检测贴片电阻实际阻值与标称阻值是否相符，通常采用万用表的欧姆挡进行测量。常用检测方法有在路电阻检测法（电阻在印制电路板上测量）和开路电阻检测法（电阻脱离印刷电路板测量）两类。

在路检测贴片电阻：测量前需要将电路板上电源断开，用毛刷清洁贴片电阻器两端的焊点，这样可以使测量的值更加准确；根据电阻值的标注阻值调整数字万用表的挡位（例如贴片电阻的标注为 221，它的阻值应为 220Ω，此时可将万用表置于 $R \times 10$ 挡）；然后用万用表的红黑笔分别搭接在电阻器两端的焊点上，记下所测的阻值；接下来将红、黑表笔互换位置再一次测量，同样记下所测阻值；测量完后取两次测量中阻值较大的作为参考值，然后与电阻器的标称值进行比较；若所测的电阻值接近正常值，说明该贴片电阻正常，反之说明该贴片电阻损坏。如图 3-18 所示。

图 3-18　在路检测贴片电阻

开路检测贴片电阻：先将贴片电阻先从电路中卸下，然后清洁电阻器的焊点；根据电阻器的标注，读出电阻器的阻值；接着将万用表的红、黑表笔分别搭在电阻器的两端焊点上观察其阻值；然后与标称值进行比较；若阻值接近正常值，则说明该电阻正常，反之说明该贴片电阻损坏，如图3-19所示。

14. 电位器的检测

（1）经验检测法　经验检测法就是通过对电位器外表的观察和手动试验的感觉来进行判断。正常的电位器其外表应无变形、变色等异常现象，用手转动旋柄应感到平滑自如，开关灵活，并可听到开关通、断时发出清脆的响声。否则，说明电位器不正常。

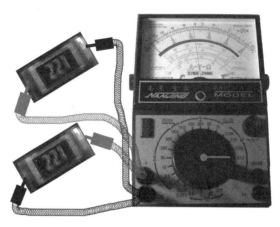

图3-19　开路检测贴片电阻

（2）万用表测试法　用万用表测试时，应根据被测电位器阻值的大小，选择好适当的电阻挡位，主要进行两个方面的检测。

① 电阻值的检测：用万用表的欧姆挡测量电位器"1""2"两端的电阻值，正常的电位器其读数应为电位器的标称值，如万用表的指针不动或阻值相差很大，则说明该电位器已损坏，不能使用。

② 电位器活动臂与电阻片接触是否良好的检测：用万用表的欧姆挡测电位器"1""2"（或"2""3"）两端的电阻值，测量时，逆时针方向转动电位器的转轴，再顺时针转动电位器的转轴，并观察万用表的指针。正常的电位器，当逆时针转动转轴时，电阻值应逐步变小；而顺时针转动转轴时，其阻值应逐步慢慢变大，否则，说明该电位器不正常。如果在转动转轴时，万用表指针出现停止或跳动现象，则说明该电位器活动触点有接触不良的故障。

电容器的识别与检测实训

1. 电容器型号的识别

各国电容器的型号命名很不统一，国产电容器的型号一般由四部分组成（不适用于压敏、可变、真空电容器），如表 3-2 所示，依次分别代表名称、材料、分类和序号。

表 3-2　国产电容器型号命名

第一部分为名称用字母 C 表示	第二部分为材料，用字母表示	第三部分为分类用数字表示，也有个别有字母表示					第四部分为序号，用数字表示，以区别电容器的外形尺寸及性能指标
	字母（含义）	数字或字母	含义				
			瓷介电容	云母电容	有机电容	电解电容	
	A（钽电解）	1	圆形	非密封	非密封	箔式	
	B（聚苯乙烯等非极性薄膜）	2	管形	非密封	非密封	箔式	
		3	叠片	密封	密封	烧结粉固体	
	C（高频陶瓷）	4	独石	密封	密封	烧结粉固体	
	D（铝电解）	5	穿心		穿心		
	E（其他材料电解）	6	支柱等				
	G（合金电解）	7				无极性	
	H（复合介质）						
	I（玻璃釉）	8	高压	高压	高压		
	J（金属化纸介）	9			特殊	特殊	
	L（涤纶等极性有机薄膜）	G	高功率				
		T	叠片式				
	N（铌电解）	W	微调				
	O（玻璃膜）						
	Q（漆膜）	J	金属化纸介				
	T（低频陶瓷）						
	V（云母纸）	Y	高压				
	Y（云母）						
	Z（纸介）						

2. 贴片电容器标注的识别

贴片电容器是平板彩电、数码产品等电路板上最常见的元器件之一，其外形与贴片电阻器相似，只是稍薄。一般贴片电容器为白色基体，多数钽电解电容器却为黑色基体，其正极端标有白色极性。通常，皮法级小容量电容器（最为常见）外形多为矩形，颜色多为浅黄色（系高温烧结而成的陶瓷电容），其外表无参数标注。微法级电容器的外形多为体积稍大的矩形或圆柱形，颜色多为黄色、青色或青灰色，外表有参数标注。其中，外形为矩形且有参数标注的电容器多为钽电容器。贴片电容器的数值标注方法主要有三种。

（1）贴片电容器一般使用字母和数字表示法，方法是：在白色基线上打印一个黑色字母和一个黑色数字（或在方形黑色衬底上打印一个白色字母和一个白色数字）作为代码。其中字母表示容量的前两位数字（如表3-3所示），后面的数字则表示在前面二位数字的后面再加多少个"0"，单位为pF。

表 3-3 字母和数字表示法

字母	A	B	C	D	E	F	G	H	J	K	L
电容值	1.0	1.1	1.2	1.3	1.5	1.6	1.8	2.0	2.2	2.4	2.7
字母	M	N	O	Q	R	S	T	W	X	Y	Z
电容值	3.0	3.3	3.6	3.9	4.3	4.7	5.1	6.8	7.5	8.2	9.1
字母	a	b	d	e	f	u	m	v	h	t	y
电容值	2.5	3.5	4.0	4.5	5.0	5.6	6.0	6.2	7.0	8.0	9.0

例如：代码为f0，电容值为5.0pF；代码为A1，电容值为10pF；代码为G2，电容值为180pF；代码E3，电容值为1500pF；代码为J4，电容值为0.022μF；代码S5，电容值为0.47μF；代码为N6，电容值为3.3μF；代码为A7，电容值为10μF

（2）颜色和一个字母表示法，方法是：用电容器上标一颜色加一个字母的组合来表示电容量，其颜色则表示在字母代的容量后面再添加"0"的个数，单位为pF（如表3-4所示）。

表 3-4 颜色和字母表示法

颜色	红	黑	蓝	白	绿	橙	黄	紫	灰
10^n	0	1	2	3	4	5	6	7	8

例如：红色后面还印有"Y"字母，则表示电容量为8.2×100＝8.2pF，黑色后面带印有"H"字母，则表示电容量为2.0×10的1次方＝20pF，白色后面加印有"N"字母，则表示该电容数值为3.3×10的3次方＝3300pF

（3）色环表示法，此法是圆柱形贴片电容器常用表示方法。其中前二环表示电容量前两位有效数字，第三环表示乘10的几次方，第四环表示误差（前四环表示法与色环电阻基本相同）第五环则表示温度系数，如表3-5所示。

表 3-5　色环表示法

颜色	黑	棕	红	橙	黄	绿	蓝	紫	灰	白	金	银
第1、2圈表示第1第2位数字	0	1	2	3	4	5	6	7	8	9		
第3圈表示前面数字应乘的倍率	10^0	10^1	10^2	10^3	10^4							
第4圈表示误差范围	$\pm20\%$											
第5圈表示温度系数 $10^{-6}/℃$	0	-30	-80	-150	-220	-330	-470	-750	-2200	$+350\sim -1000$	-1000	$+30$

例如：某电容器五环颜色分别为：红、红、橙、金、银，则表示该电容容量为 $22\times10^3=22000pF(22n)\pm5\%$，温度系数为 $+30\times10^{-6}pF/℃$。

3. 固定电容器的检测

（1）10pF 以下小电容器的检测　由于 10pF 以下的小电容器容量太小，只能选用万用表的 $R\times10$ 挡，测量电容器是否存在漏电，内部是否存在短路或击穿现象。测量时，将万用表两表笔分别接电容器的任意两个引脚，阻值应为无穷大，如图 3-20 所示。若实测得阻值为零或指针向右摆动，则说明电容器已被击穿或存在漏电故障，该电容器已经不能使用了。

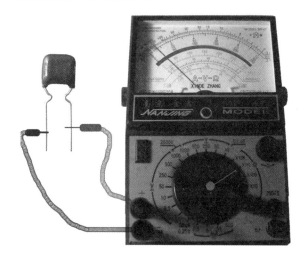

图 3-20　小电容器的检测

（2）10pF～0.01μF 电容器的检测　对于 10pF～0.01μF 电容器质量的好坏，主要是根据其充放能力来进行判断。检测时，可选用一只硅三极管组合的复合管，将万用表置 $R\times1k$ 挡。用万用表的红表笔和黑表笔分别与复合管的发射极 e 和集电极 c 相接。由于复合三极管的放大作用，把被测电容的充放电过程予以放大，使万用表指针的摆动幅度加大，从而便于观察。若万用表指针摆动不明显，可反复调换被测电容器的两引脚接触点，使万用表指针的摆动量增大，以便于观察。

（3）0.01μF 以上电容器的检测　对于 0.01μF 以上电容检测，可用万用表直接测量其充电情况及内部有无短路或漏电。检测时，将万用表拨至 $R \times 10k$ 挡，观察其表针向右摆动的幅度大小来判断电容器的容量。向右摆动的幅度越大，电容器的容量就越大。

4. 电解电容器的检测

电解电容器的容量较一般固定电容器大得多，在检测时应针对不同的容量选用合适的量程进行，一般情况下 $1 \sim 47\mu F$ 间的电容器，可用 $R \times 1k$ 挡测量，大于 $47\mu F$ 的电容器可用 $R \times 100$ 挡测，其检测方法如下。

(1) 电解电容器质量的检测　电解电容器的质量，一般用电容量的误差、介质损耗的大小和漏电流三个指标来衡量。这三项指标采用专用仪器可以很方便地判断，在没有专用仪器的情况下，也可以用万用表进行检测。检测时，将万用表拨至 $R \times 1k$ 挡，红表笔接电解电容器的负极，黑表笔接其正极，若电容器正常，表针将向右即"0"的方向摆动，表示电容器充电，然后表针又向左即无穷大方向慢慢回落，并稳定下来，这时表针指示数值为电容器的正向漏电阻。电解电容器的正向漏电阻值越大，相应的漏电流则愈小，正常的电容器其正向漏电阻应在几十千欧或几百千欧以上，如图 3-21 所示。

图 3-21　电解电容器质量的检测

电解电容器的好坏。不但要根据它的正向漏电阻的大小，而且还要根据检测时表针的摆动幅度来判断。如果电阻值虽然有几百千欧，但指针根本不摆动，说明该电容器的电解液已干涸失效，已经不能使用了。如果在测试时，表针一直拨至"0"处不返回，则说明该电容器内部击穿或短路。

使用万用表电阻挡，采用给电解电容器进行正、反向充电的方法，根据指针向右摆动幅度的大小，可估算出电解电容器的容量。

(2) 电解电容器极性的判别　由于电解电容器的介质具有单向导电性，它的正向电阻大于反向漏电阻，根据这一特性，可以对正、负标志不明的电解电容器，测量其漏电阻的方法来判别其极性。检测时应根据所测电容器容量的大小来使用挡位，对于电容量在 $50\mu F$ 以下的电容器采用 $R\times 1k$ 挡；对于电容量在 $100\mu F$ 以上的电容器应采用 $R\times 100$ 挡。两只表笔接在电容器的两端，先任意测出一个电阻值，记住其大小，然后交换表笔再测出一个阻值。两次测量中阻值大的那一次便是正向接法，即黑表笔接的是正极，红表笔接的是负极。

5. 可变电容器的检测

可变电容器由一组定片和一组动片组成，随着动片的旋转，使电容量发生变化。当怀疑某一可变电容器是否正常时，可采用以下方法进行检测。

（1）手感检测法 用手轻轻旋动转轴，正常的电容器应感觉平滑自如，若手感时紧时松甚至有卡滞现象，则说明该电容器不正常；用手转轴向前、后、左、右、上、下各个方向推动，正常时应无松动或阻卡感觉，若某一方向松动，则说明该电容器不正常；用手旋动转轴，另一只手接触动片边缘，若感觉到转轴与动片之间有接触不良现象，则该电容器不能继续使用了；可变电容器的转轴只能转动 $180°$，如果能转过 $360°$，说明该电容器的定位脚已损坏。

（2）用万用表检测法 将万用表置于 $R\times 10k$ 挡，用左手将两只表笔分别接可变电容器的动片和定片的引出端，右手缓慢旋动电容器的转轴，若指针在无穷大位置不动，则说明该电容器正常；若在旋动转轴的过程中，表的指针指向零，则说明该电容器的动片和定片之间存在短路；若当转轴旋转到某一角度时，万用表读数不为无穷大而是出现一定阻值，则说明该电容器的动片与定片之间出现漏电现象，如图 3-22 所示。

图 3-22 万用表检测法

（3）用耳机监听法 用一节（1.5V）电池和一只耳机，把电池、耳机和电容器组成串联回路，当第一次接触电池时，听到的"喀喀"声很响，"喀喀"声逐渐减弱，则表示该电容器基本上正常。如果当接触电池时耳机无声，或每次接触电池时，耳机发出的声音不变，则说明该电容器已经不能继续使用了。

6. 贴片电容器的检测

（1）无标识贴片电容器的检测　此类贴片电容器的个头越大或颜色越深，容量也就越大。电容器的容量可用数字万用表或电容测试仪来测定，但测量时，须将贴片电容器一端脱开电路，以避免外电路对其容量的影响。

在实际维修中，用万用表在路测得贴片电容器两脚间的电阻值，实为与电容器相连接的电路等效电阻值，该阻值不能准确地反映电容器的好坏。因此，要准确检测其好坏，需将电容器脱开原电路，这时测得其电阻值应为无穷大。如果使用指针表的×10k挡测量，对于容量为 $0.1\mu F$ 左右的电容器而言，万用表指针略有摆动现象，且静止后应指示在阻值无穷大处。

（2）有极性（有标识）贴片电容器　该类贴片电容器会出现击穿短路、内部电极断路、漏电、容量减少等故障，其检测方法与普通电解电容器一样，即用数字万用表测量其容量，或用指针式万用表的电阻挡测量其充、放电特性，以及静态电阻值。

【提示】数字万用表一般都有专门用来测量电容器的插孔，但贴片电容器没有引脚插入，因此只能使用万用表的欧姆挡对其进行粗略的测量。

课堂三

二极管的识别与检测实训

1. 二极管型号的识别

(1) 国产二极管的型号命名主要由以下五个部分组成。

第一部分为主称二极管，用数字"2"表示。

第二部分为材料与极性，用字母表示，如下：A 为 N 型（负极）锗材料；B 为 P 型（正极）锗材料；C 为 N 型（负极）硅材料；D 为 P 型（正极）硅材料；E 为化合物材料。

第三部分为类别，用字母表示如下：P 为小信号管（普通管）；W 为电压调整管和电压基准管（稳压管）；L 为整流堆；N 为阻尼管；Z 为整流管；U 为光电管；K 为开关管；B 或 C 为变容管；V 为混频检波管；JD 为激光管；S 为隧道管；CM 为磁敏管；H 为恒流管；Y 为体效应管；EF 为发光二极管。

第四部分为序号，用数字表示同一类别产品的序号。

第五部分为规格号，用字母表示产品规格、档次。

例如型号为 2AP9 的 N 型（负极）锗材料普通二极管中，"2"表示二极管、A 表示 N 型（负极）锗材料、P 表示普通型、9 表示序号；型号为 2CW56 的 N 型（负极）硅材料稳压二极管中，"2"表示二极管、C 表示为 N 型（负极）硅材料、W 为稳压管、56 为序号。

(2) 美国二极管型号命名主要由四部分组成。

第一部分表示类别，用数字"1"表示二极管。

第二部分表示美国电子工业协会（EIA）注册标志，用字母 N（所有管子都用）表示已注册过的标记。

第三部分表示登记号，用多位数字表示该器件在美国电子工业协会（EIA）的登记号。

第四部分为器件规格号，用字母 A、B、C、D……表示同一型号的器件的不同档次。

例如型号为 1N4007 的二极管，"1"为二极管、N 为 EIA 注册标志、4007 表示 EIA 登记号。

(3) 欧洲国家二极管型号命名由以下两部分组成。

第一部分表示材料，用字母表示如下：A 为锗材料、B 为硅材料、C 为砷化镓、D 为锑化铟、R 为复合材料。

第二部分表示类型及主要特性，用字母表示如下：A 为检波、开关和混频二极管；B 为变容二极管；E 为隧道二极管；G 为复合器件有其他器件；H 为磁敏二极管；X 为倍增二极管；Y 为整流二极管；Z 为稳压二极管（齐纳二极管）。

2. 贴片二极管标注的识别

（1）贴片二极管的标注法　贴片二极管有片状和管状两种，其型号标记（代码）由字母或字母与数字组合而成，但最多不超过 4 位。颜色标注法，则主要由负极侧标注的颜色查得型号，由型号再查出参数值来。贴片式二极管小尺寸封装上一般不打印出型号，而打印出型号代码或色标。这种型号代码由生产工厂自定，并不统一。

圆柱形玻封二极管采用色标方法表示型号或采用印代码方式，分别如图 3-23 所示。图 3-23（a）用阴极的标志线，采用不同的颜色来表示型号；图 3-23（b）采用两种颜色的色环表示（粗环表示阴极端）；图 3-23（c）中第三环表示等级（用于稳压二极管），图 3-23（d）的圆周上印有 PH-5817。贴片二极管色环颜色（和电阻一样）：棕、红、橙、黄、绿、蓝、紫、灰、白、黑，它们分别用来表示数值 1、2、3、4、5、6、7、8、9、0。

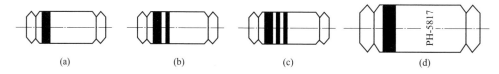

$$(a) \qquad (b) \qquad (c) \qquad (d)$$

图 3-23　圆柱形玻封二极管标注

（2）贴片二极管极性辨别方法　玻璃管贴片二极管，红色一端为正极，黑色一端为负极；矩形贴片二极管，有白色横线一端为负极。

（3）贴片二极管在线辨别　在电路板上，贴片二极管的位号一般以字母 D 打头，如 D1、D2 等，或 VD，如 VD1、VD2 等；或 DD，如 DD1、DD2 等。若要对外形相近的贴片电阻或电容进行区分，可用万用表测量，若其正、反向电阻值不同，可确定该元器件是贴片二极管。

【提示】①封装代号与型号代码是不同的，不能混淆；②同一标记因生产厂家不同，可能代表不同型号，也可能代表不同器件。

3. 贴片二极管的检测

贴片二极管与普通二极管的内部结构基本相同，其检测方法与普通二极管基本相同，一般采用万用表的 $R \times 100$ 挡或 $R \times 1k$ 挡进行测量。

（1）普通贴片二极管的检测

① 普通贴片二极管正、负极判别。贴片二极管的正、负极的判别，通常观察二极管的外壳标示即可。如外壳标示已模糊不清，则可利用万用表欧姆挡进行判别，其方法是：将万用表置于欧姆挡，再用两只表笔任意测量贴片二极管两引脚

间的电阻值，然后对调表笔再测一次；在两次测量结果中，选择阻值较小的一次为准，黑表笔所接的一端为贴片二极管的正极，红表笔所接的另一端为贴片二极管的负极；所测阻值为贴片二极管正向电阻（一般为几百欧至几千欧），另一组阻值为贴片二极管反向电阻（一般为几十千欧至几百千欧）。

② 普通贴片二极管性能好坏判别。对普通贴片二极管性能好坏的检测通常在开路状态（脱开电路板）下进行，测量方法如下：将万用表置于欧姆挡测量贴片二极管的正、反向电阻。根据二极管的单向导电性可知，其正、反向电阻相差越大，说明其单向导电性越好。若测得正、反向电阻相差不大，说明贴片二极管单向导电性能变差；若正、反向电阻都很大，说明贴片二极管已开路失效；若正、反向电阻都很小，则说明贴片二极管已击穿失效。

（2）稳压贴片二极管的检测 稳压贴片二极管的检测主要包括以下三项。

① 稳压贴片二极管正、负极判别。稳压贴片二极管和普通贴片二极管一样，其引脚也分正、负极，使用时不能接错。其正、负极一般可根据管壳上的标志识别，例如：根据所标示的二极管符号、引线的长短、色环、色点等。如果管壳上的标示已不存在，也可利用万用表欧姆挡测量，方法与普通贴片二极管正、负极判别方法相同，此处不再赘述。

② 稳压贴片二极管性能好坏判别。与普通贴片二极管的判别方法相同。正常时一般正向电阻为 $10k\Omega$ 左右，反向电阻为无穷大。

（3）发光贴片二极管的检测

① 发光贴片二极管正、负极的判别。发光贴片二极管的正、负极一般可通过"目测法"识别，即将管子拿到光线明亮处，从侧面仔细观察两条引出线在管体内的形状，较小的一端是正极，较大的一端则是负极。当"目测法"不能识别时，也可用万用表欧姆挡检测识别：将万用表置于 $R\times10k$ 挡（发光贴片二极管的开启电压为 2V，只有处于 10k 挡时才能使其导通），用万用表的红、黑两表笔分别接发光贴片二极管的两引脚，选择指针向右偏转过半的，且管子能发出微弱光点的一组为准，这时黑表笔所接即为发光二极管的正极，红表笔所接为负极。

② 发光贴二极管性能好坏的判别。与普通贴片二极管的判别方法相同。

（4）贴片整流桥堆的检测 贴片整流桥堆好坏的判别方法是：首先将万用表置于 $R\times10k$ 挡，测量一下贴片整流桥堆的交流电源输入端正、反向电阻是否正常（正常时应都为无穷大）；若四只整流贴片二极管中有一只击穿或漏电时，都会导致其阻值变小。另外还可测量"＋"与"－"之间的正、反向电阻是否正常（正常时其正向电阻一般为 $8\sim10k\Omega$，反向电阻应为无穷大）。

4. 二极管的检测

二极管是由一个 PN 结构成的半导体器件，具有单向导电特性，其检测方法如下。

（1）正、负极性的判别 二极管的正、负极可按以下方法进行判别。

① 观察法。查看管壳上的符号标记，通常在二极管的外壳上标有二极管的符

号，带有三角形箭头一端为正极、另一端为负极。对于点接触型玻璃外壳二极管，可透过玻璃看触针，金属触针的一头为正极。另外，在点接触型二极管的外壳上，通常标有色点（白色或红色）。一般标有色点的一端即为正极。还有的二极管上标有色环，带色环的一端则为负极。

② 万用表检测法。将万用表置于 $R×100$ 挡或 $R×1k$ 挡，然后将万用表的两只表笔分别接到二极管的两端引脚上，测出一个结果后，对调两表笔，再测出一个结果。两次测量的结果中，有一次测量出的阻值较大则为反向电阻，一次测量出的阻值较小则为正向电阻。在阻值较小的一次测量中，黑表笔接的是二极管的正极，红表笔接的是二极管的负极。

③ 借用电池和喇叭来判别法。具体方法是：将一节电池和一个喇叭与被测二极管构成串联电路（如图 3-24 所示），用二极管的一端引线断续触碰喇叭，然后将二极管倒头再测一次，以听到"咯、咯"声较大的一次为准，电池正极相接的那一根引线为正极，另一根为负极。

（2）硅二极管与锗二极管的判别检测　利用万用表的二极管挡测量二极管的正向压降（用 V_F 表示），并根据硅二极管与锗二极管正向压降的差异，可以区分硅二极管和锗二极管。具体方法是：将万用表置于二极管挡，红表笔接被测二极管的正极、黑表笔接负极，此时＋3V 电源（万

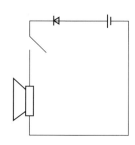

图 3-24　二极管检测电路

用表内部电池电源）向被测二极管提供大约 1mA 的正向电流，管子的正向压降 V_F 就作为仪表输入电压，若仪表显示 $0.500\sim0.700V$，则表明被测管为硅管，若显示 $0.150\sim0.300V$，则表明被测管为锗管。

（3）检测最高工作频率 f_M　二极管工作频率，除了可从有关特性表中查阅出外，实用中常常用眼睛观察二极管内部的触丝来加以区分，如点接触型二极管属于高频管，面接触型二极管多为低频管。另外，也可以用万用表 $R×1k$ 挡进行测试，一般正向电阻小于 $1kΩ$ 的多为高频管。

（4）二极管性能的检测

① 单向导电性能的检测。用万用表 $R×100$ 挡或 $R×1k$ 挡测量二极管的正反向电阻。通常锗二极管的正向电阻值约为 $1.1kΩ$、反向电阻值约为 $330Ω$，硅二极管的电阻值为 $5kΩ$ 左右、反向电阻值为 $∞$（无穷大）。正向电阻越小越好，反向电阻越大越好。正、反向电阻值相差越悬殊，说明二极管的单向导电特性就越好。若测得正向电阻太大或反向电阻太小，表明二极管的检波与整流率不高。若正向电阻为无穷大，说明二极管内部已断路。若反向电阻接近零，表明二极管已被击穿。

② 反向击穿电压的检测。二极管反向击穿电压（耐压值）可以用晶体管直流参数测试表进行测量。具体方法如下。

方法一：将测试表的"NPN/PNP"选择键设置为 NPN 状态，再将被测二极

管的正极接测试表的"c"插孔内、负极插入测试表的"e"插孔，然后按下"V（BR）"键，测试表即可指示出二极管的反向击穿电压值。

方法二：也可用兆欧表和万用表来测量二极管的反向击穿电压。如图 3-25 所示，将万用表置于合适的直流电压挡，然后将二极管的负极与兆欧表的正极相接，二极管的正极与兆欧表的负极相连，监测二极管两端的电压，摇动兆欧表手柄（应由慢逐渐加快），待二极管两端电压稳定而不再上升时，此电压值即是二极管的反向击穿电压。

方法三：如没有万用表，也可采用如图 3-26 所示电路进行检测。当二极管负端接电池正极，正端串接喇叭再接电池负极（反向连接），断续接通时，若喇叭发出较大的"咯咯"声，表明二极管已被击穿；反过来，如果将二极管正向连续接通时，喇叭无一点响声，表明二极管内部断路。

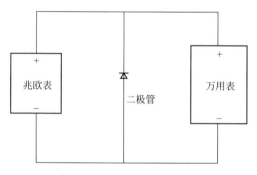

图 3-25　兆欧表和万用表测量二极管
反向击穿电压示意图

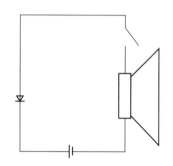

图 3-26　二极管反向击穿测试电路

③ 二极管好坏的检测。用指针式万用表检测：首先将万用表置于适当挡位（一般检测小功率二极管时应将万用表置于 $R \times 100$ 挡或 $R \times 1k$ 挡），然后分别将两只表笔接到二极管的两端引脚上，观察正、反向电阻值的差，如果正、反向电阻值相差较大，且反向电阻接近于无穷大，则二极管正常。如果正、反向电阻值均为无穷大，则二极管内部断路。如果正、反向电阻值均为 0，则二极管内部被击穿短路。如果正、反向电阻值相差不大，则二极管质量太差，不能使用。

用数字式万用表检测：首先将数字万用表的挡位调到二极管挡，然后将红表笔接在"VΩ"接口，接着将万用表的两只表笔分别连接二极管的两个引脚，然后再将两只表笔分别对调连接二极管的两个引脚，然后对比显示屏的测量结果。如果测量的正、反向电阻值均为"1"，则二极管内部断路。如果正、反向电阻值均为 0，则二极管内部被击穿短路。如果正、反向电阻值相差不大，则二极管质量太差，不能使用。

5. 稳压二极管的检测

（1）正、负极引脚的判别

① 外观判别正、负极。一般的稳压二极管上已标有"＋""－"，或标有稳压

二极管的图形符号。未标注可从外形上看（如图 3-27 所示），金属壳封装的稳压二极管管体的正极一端为平面形，负极一端为半圆面形。塑封稳压二极管管体上印有彩色标记的一端为负极，另一端为正极。

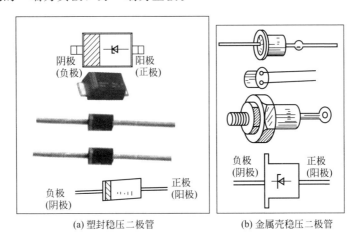

(a) 塑封稳压二极管　　　　　　(b) 金属壳稳压二极管

图 3-27　外形看稳压二极管

② 利用万用表进行判别。对标志不清楚的稳压二极管，也可以用万用表判别其极性，识别方法与判别普通二极管相同，可利用 PN 结正、反向电阻不同的特性进行识别，实践中常用万用表的 $R\times 1k$ 挡测量两引脚之间的电阻值，红、黑表笔对调后再测量一次。在两次测量结果中，阻值较小的一次，黑表笔所接引脚为稳压二极管正极、红表笔所接引脚为负极。

需指出的是，有三只引脚的稳压二极管其外形类似三极管，但其内部是两只正极相连的稳压二极管。这种稳压二极管正、负极的识别方法与两只引脚的稳压二极管相同，只需测出公共极，另外两只引脚均为负极。

（2）普通二极管与稳压二极管的判别　稳压二极管的外形与普通小功率整流二极管的外形基本相似。当其壳体上的型号标记清楚时，可根据型号加以鉴别。常见的稳压二极管有两只引脚，但也有少数稳压二极管为三只引脚（如 2DW7、FHZ52×× 系列等），除通过外壳的标志识别外，还可以利用万用表区分稳压二极管与普通二极管，具体方法是：将万用表置于 $R\times 1k$ 挡，黑表笔接被测二极管负极、红表笔接正极，此时所测为 PN 结的反向电阻，阻值很大，表针不偏转。再将万用表转换到 $R\times 10k$ 挡，此时表针如果向右偏转一定角度，说明被测二极管是稳压二极管；若表针不偏转，说明被测二极管可能不是稳压二极管。

以上方法仅适用于测量稳压值低于万用表 $R\times 10k$ 挡电池电压的稳压二极管，如果其稳压值高于表内电池电压，表针也不会偏转，用上述方法也就不能区分被测二极管的类型了。

（3）稳压值的测量　如图 3-28 所示，用 0～30V 连续可调直流电源为稳压二极管提供测试电源。对于 13V 以下的稳压二极管，可将稳压电源的输出电压调至

15V，将电源正极串接 1 只 1.5kΩ 限流电阻后与被测稳压二极管的负极相连接，电源负极与稳压二极管的正极相接，再用万用表测量稳压二极管两端的电压值，所测的读数即为稳压二极管的稳压值。若稳压二极管的稳压值高于 15V，则应将稳压电源调到 20V 以上。

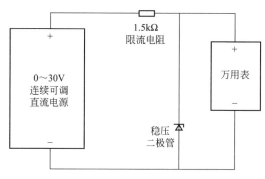

图 3-28　稳压值的测量示意图

（4）性能的检测　将万用表置于 $R \times 1k$ 挡（注意：万用表的电池电压不能大于被测二极管的稳压值），红、黑表笔分别与稳压二极管的两电极相碰，记住此时万用表指针指示的位置，交换表笔后再去碰两电极，比较两次测试的结果，正向电阻值越小而反向电阻值越大，则说明此稳压二极管性能良好。如果正、反向电阻值均很大或很小，则表明此稳压二极管开路或已击穿短路，不可使用；若是正、反向电阻值比较接近，则说明该稳压二极管已经失效，也是不能使用的。

另外，用在路通电的方法也可以大致判别稳压二极管的好坏，具体方法是：用万用表直流电压挡测量稳压二极管两端的直流电压，若接近该稳压二极管的稳压值，说明该稳压二极管基本完好；若电压偏离标称稳压值太多或不稳定，则说明该稳压二极管的性能不稳定。

6. 双向触发二极管的检测

（1）转折电压的检测　转折电压的检测方法如下。

① 如图 3-29 所示，用 0～50V 连续可调直流电源，将电源的正极串接 1 只 20kΩ 电阻器后与双向触发二极管的一端相接，电源的负极串接万用表电流挡（将其置于 1mA 挡）后与双向触发二极管的另一端相接。逐渐增加电源电压，当电流表指针有较明显摆动时（几十微安以上），则说明此双向触发二极管已导通，此时电源的电压值即是双向触发二极管的转折电压。

图 3-29　双向触发二极管转折电压的检测电路

② 将兆欧表的正极（E）和负极（L）分别接双向触发二极管的两端，用兆欧表提供击穿电压，同时用万用表的直流电压挡测量出电压值，将双向触发二极管

的两极对调后再测量一次。比较一下两次测量的电压值的偏差（一般为 3～6V）。此偏差值越小，说明此双向触发二极管的性能就越好。

（2）性能好坏的检测　如图 3-30 所示，将万用表置于 $R×1k$ 挡，测量双向触发二极管的正、反向电阻值，正常时其正、反向电阻值均应为无穷大。若交换表笔进行测量，测得的阻值慢慢变小，则说明被测晶体二极管漏电；若测得正、反向电阻值均很小或为 0，则说明该双向触发二极管已被击穿损坏。

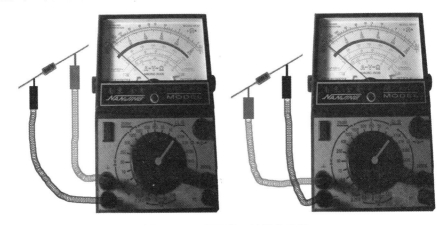

图 3-30　双向触发二极管的检测

7. 发光二极管的检测

（1）普通发光二极管的检测

① 正、负极的判别。发光二极管极性判断方法有以下几种。

目测法。发光二极管的管体一般都是用透明塑料制成的，所以可以用眼睛观察来区分它的正、负电极。具体做法是：如图 3-31 所示，将发光二极管放在一个光源下，从侧面仔细观察两条引出线在管体内的形状，通常较大的一端为负极，较小的一端为正极。

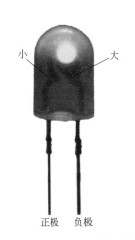

图 3-31　目测法判断发光二极管的极性

万用表检测法。如图 3-32 所示，将万用表置于 $R×10kΩ$ 挡，将两只表笔分别与发光二极管的两个引脚相接，如果万用表指针向右偏转过半，同时发光二极管能发出一微弱光点，表明发光二极管是正向接入，此时黑表笔所接的是正极，而红表笔所接的是负极。接着再将红、黑表笔对调后与发光二极管的两引脚相接，这时为反向接入，万用表指针应指在无穷大位置不动。

② 光、电特性的检测。用万用表的 $R×10k$ 挡对一只 $220μF/25V$ 电解电容器充电（黑表笔接电容器正极，红表笔接电容器负极），再将充电后的电容器正极接发光二极管正极、电容器负极接发光二极管负极，若发光二极管有很亮的闪光，

则说明该发光二极管完好。

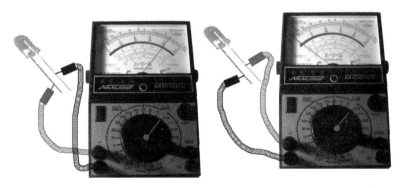

图 3-32 万用表检测发光二极管的极性

如图 3-33 所示，利用 3V 稳压电源或两节串联的干电池及万用表可以较准确地测量发光二极管的光、电特性。如果测量发光二极管的正向压降 V_F 在 1.4～3V 之间，且发光亮度正常，则说明发光二极管的光、电特性良好。

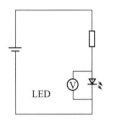

③ 发光二极管好坏的判别。用万用表 $R \times 10k$ 挡测量发光二极管的正、反向电阻值，正常时，发光二极管的正向电阻阻值为几十至几百千欧、反向电阻为无穷大。较高灵敏度的发光二极管，在测量正向电阻值时，发光二极管内会发微光。若测得正向电阻值为零或为无穷大，反向电阻值很小或为零，则说明被测发光二极管已损坏。

图 3-33 发光二极管光电特性的检测

（2）红外发光二极管的检测

① 正、负极性的判别。红外发光二极管有两个引脚，通常长引脚为正极，短引脚为负极。因红外发光二极管多采用透明树脂封装，所以管壳内的电极清晰可见，管内电极宽大的为负极，而电极窄小的为正极。另外，也可从管身形状来判断，通常靠近管身侧向小平面的电极为负极，另一端引脚为正极。如图 3-34 所示为红外发光二极管的外形。

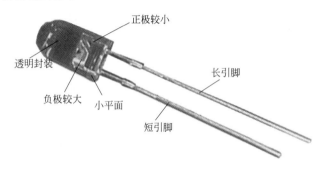

图 3-34 红外发光二极管的外形

② 性能好坏的检测。测试红外发光二极管的好坏，可以按照测试普通硅二极管正反向电阻的方法测试。如图 3-35 所示，将万用表置于 $R \times 10k$ 挡，黑表笔接红外发光二极管的正极，红表笔接负极，测量红外发光二极管的正、反向电阻。正常时，正向电阻值约为 $15 \sim 40k\Omega$（此值越小越好），反向电阻大于 $500k\Omega$。若测得正、反向电阻值均接近零，则说明该红外发光二极管内部击穿损坏；若测得正、反向电阻值均为无穷大，则说明该红外发光二极管开路损坏；若测得反向电阻值远远小于 $500k\Omega$，则说明该红外发光二极管漏电损坏。

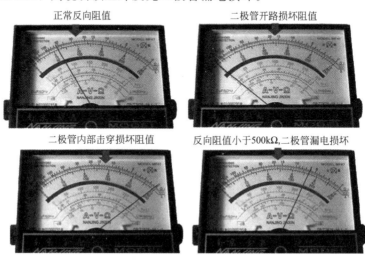

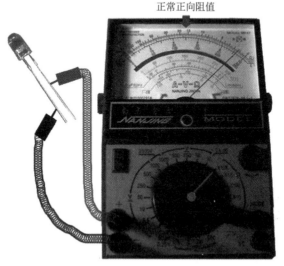

图 3-35　红外发光二极管的检测

8. 激光二极管的检测

（1）各电极的判别　用万用表的 $R \times 1k$ 挡，按照检测普通二极管正、反向电阻的方法，测出激光二极管三个引脚中任意两引脚之间的阻值，总有一次两引脚之间的阻值在几千欧左右，此时黑表笔所接的引脚为 PD 阳极端，红表笔所接的引脚为公共端，剩下的引脚为 LD 阳极端。

检测时要注意，由于激光二极管的正向压降比普通二极管要大，所以检测正向电阻时，万用表指针仅略微向右偏转而已，而反向电阻则为无穷大。

（2）激光二极管好坏的检测　激光二极管的 PD 部分实质上是一个光敏二极管，检测时用万用表 $R\times 1k$ 挡测其正、反向电阻的阻值。正常时，正向电阻为几千欧，反向电阻为无穷大。若正向电阻为零或无穷大，则表明 PD 部分损坏；若反向电阻为几百千欧或上千千欧的电阻，则说明 PD 部分已反向漏电，激光二极管的质量变差或损坏。

检测激光二极管 LD 部分时，用万用表的 $R\times 1k$ 挡，将黑表笔接公共端、红表笔接阴极，正向电阻值应在 $10\sim 30k\Omega$ 之间，反向电阻值应为无穷大。若测得正向电阻值已超过 $55k\Omega$，则说明 LD 部分的性能已下降；若测得正向电阻值大于 $100k\Omega$，则说明该激光二极管已严重老化。

9. 变容二极管的检测

（1）正、负极的判别　有的变容二极管的一端涂有黑色标记，这一端即是负极，而另一端为正极。还有的变容二极管的管壳两端分别涂有红色环和黄色环，红色环的一端为正极，黄色环的一端为负极。

如果标记不清楚，还可采用万用表的二极管挡，通过测量变容二极管的正、反向电压降来判断出其正、负极性。在测量正向电压降时，红表笔接的是变容二极管的正极、黑表笔接负极。

（2）性能好坏的检测　如图 3-36 所示，将万用表置于 $R\times 10k$ 挡，红、黑表

图 3-36　变容二极管的检测

笔分别接在变容二极管的两个引脚上，测正、反向电阻值。正常的变容二极管，无论是如何交换表笔进行测量，其正、反向电阻值均为∞（无穷大）。如果在测量中，发现万用表指针向右有轻微摆动或阻值为零，说明被测变容二极管漏电或已被击穿损坏。对于变容二极管容量消失或内部的开路性故障，用万用表是无法检测判别的。必要时，可用替换法进行检查判断。

10. 双基极二极管的检测

（1）极性的判别　如图 3-37 所示，将万用表置于 $R \times 1k$ 挡，用两只表笔测量双基极二极管三个电极中任意两个电极之间的正、反向电阻值，如果测出有两个电极之间的正、反向电阻值均在 $1 \sim 10k\Omega$ 之间，则这两个电极就是两个基极（假设为基极 1 和基极 2），另一个电极则是发射极。

如图 3-38 所示，将万用表置于 $R \times 1k$ 挡，黑表笔接发射极，然后用红表笔去分别接触另外两个电极，当测得两个近似相等的电阻值时（约 $10k\Omega$），则黑表笔所接的电极为发射极（E）。在两次测量中，测得电阻较大的一次，红表笔所接的是基极 1、另一个电极即是基极 2（在电路符号中就是靠近发射极的那个基极）。

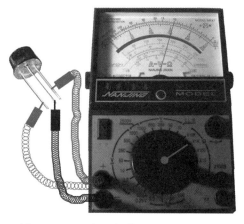

图 3-37　双基极二极管的极性判别（一）　　图 3-38　双基极二极管的极性判别（二）

（2）性能好坏的检测　双基极二极管性能的好坏可以通过测量其各极间的电阻值是否正常来判断。首先将万用表置于 $R \times 1k$ 挡，将黑表笔接发射极（E），红表笔依次接两个基极（B1 和 B2），正常时均应有几千欧至十几千欧的电阻值。再将红表笔接发射极（E），黑表笔依次接两个基极，正常时阻值为无穷大。双基极二极管两个基极之间的正、反向电阻值均在 $1 \sim 10k\Omega$ 之内。如果测得某两极之间的电阻值与上述所测的正常值范围相差较大，则说明该双基极二极管性能不良或损坏。

11. 红外接收二极管的检测

（1）正、负极性的判别　红外接收二极管极性的判别主要有以下几种。

① 外观检查法。常见的红外接收二极管的外观颜色呈黑色。如图 3-39 所示，

从红外接收二极管的外形上可以看到受光的窗口，让受光窗口面对自己，其左面的一根引脚就为正极，右面的一根引脚就为负极。另外，在红外接收二极管的管体顶端有一个小斜切平面，通常带有此斜切平面一端的引脚为负极，另一端为正极。注意：红外接收二极管不是一体化接收头。

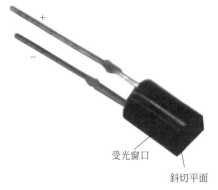

图 3-39　红外接收二极管的极性判别

② 将万用表置于 $R \times 1k$ 挡，用判别普通二极管正、负电极的方法进行检查，即交换红、黑表笔两次测量二极管两引脚间的电阻值，正常时，所得阻值应为一大一小。以阻值较小的一次为准，红表笔所接的引脚为负极，黑表笔所接的引脚为正极。

（2）性能好坏的判别

① 将万用表置于 $R \times 1k$ 挡，测量红外接收二极管正、反向电阻，根据正、反向电阻值的大小，即可初步判定红外接收二极管的好坏。若正向电阻为 $3 \sim 4k\Omega$，反向电阻大于 $500k\Omega$ 以上时，表明被测红外接收二极管是好的，如果被测红外接收二极管的正、反向电阻值均为零或无穷大时，表明被测红外接收二极管已被击穿或开路。

② 如图 3-40 所示，将万用表的挡位置于 $DC50\mu A$（或 $0.1mA$）位置上，让红表笔接红外接收二极管的正极，黑表笔接负极，然后让被测管的受光窗口对准灯光或阳光，此时万用表的指针应向右摆动，而且向右摆动的幅度越大，表明被测红外接收二极管的性能越好。如果万用表的指针根本就不摆动，说明红外接收二极管的性能不良。

图 3-40　红外接收二极管性能好坏的判别

12. 光电二极管的检测

光电二极管又称光敏二极管，是一种能将光能转变为电能的敏感型二极管，广泛应用于各种遥控与自动控制电路中。它的检测方法如下。

（1）正、负极性的判别

① 外观判别法。对于金属壳封装的光电二极管，金属下面有一个凸块，与凸块最近的那只脚正极，另一脚则是负极。有些光电二极管标有色点的一脚为正极，另一脚则是负极。另外还有的光电二极管的两只引脚不一样，长脚为正极，短脚为负极。对长方形的光电二极管，往往做出标记角，指示受光面的方向为正极，另一方向为负极。如图 3-41 所示为光电二极管的外形。

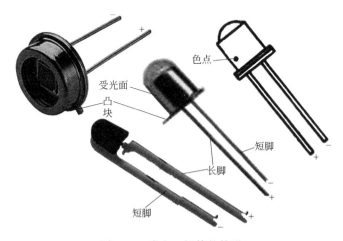

图 3-41　光电二极管的外形

② 对于光电二极管外观标识不清的，可采用万用表进行检测，其方法是：把万用表拨至 $R \times 1$ 挡，用一张黑纸遮住光电二极管的透明窗口，将万用表红、黑表笔分别接在光电二极管的两个引脚上，如果万用表指针向右偏转较大，则黑表笔所接电极为正极，红表笔所接的电极为负极。若测试时指针不动，则红表笔所接的为正极，黑表笔所接的电极为负极。如图 3-42 所示为用万用表检测光电二极管的极性。

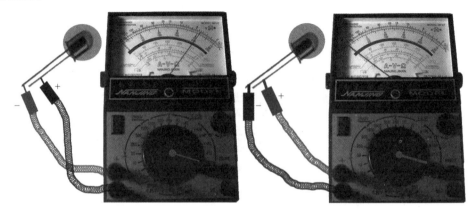

图 3-42　用万用表检测光电二极管极性

（2）性能好坏的判别　将万用表置于 $R \times 1\mathrm{k}$ 挡，测量光电二极管的正、反向电阻值。正常时，正向电阻值（黑表笔所接引脚为正极）为 $3 \sim 10\mathrm{k}\Omega$，反向电阻值为 $500\mathrm{k}\Omega$ 以上。若测得其正、反向电阻值均为 0 或均为无穷大，则说明该光电二极管内部击穿或开路损坏。

在测量红外光电二极管反向电阻值的同时，用电视机遥控器对着被测红外光电二极管的接收窗口。正常的红外光电二极管，在按动遥控器按键时，其反向电阻值会由 $500\mathrm{k}\Omega$ 以上减少至 $50 \sim 100\mathrm{k}\Omega$ 之间。阻值下降越多，则说明红外光电二极管的灵敏度就越高。

（3）其他光电二极管的检测　将万用表置于 $50\mu\mathrm{A}$ 或 $500\mu\mathrm{A}$ 电流挡，黑表笔接光敏二极管的负极，红表笔接光敏二极管的正极。正常的光敏二极管在白炽灯光下，随着光照强度的增加，其电流从几微安增大至几百微安。

除上述电流测量法外，还可采用电阻测量法进行检测，具体方法是：用黑纸或黑布遮住光电二极管的光信号接收窗口，然后用万用表 $R \times 1\mathrm{k}$ 挡测量光敏二极管的正、反向电阻值。若测得正、反向电阻值均很小或均为无穷大，则说明被测光敏二极管漏电或开路损坏。再去掉黑纸或黑布，使光敏二极管的光信号接收窗口对准光源，然后观察其正、反向电阻值的变化。正常时，正、反向电阻值均应变小，阻值变化越大，说明该光电二极管的灵敏度越高。

13. 高频变阻二极管的检测

高频变阻二极管又称为 PIN 管，是一种用在高频电子线路中对高频信号起衰减作用的电子元器件，广泛应用于电子通信设备的可控衰减器等中（如高质量的电视调谐器以及高保真超短波收音机等）。高频变阻二极管的检测方法如下。

（1）引脚正、负极识别　高频变阻二极管与普通二极管在外观上的区别是色标颜色不同，普通二极管的色标颜色一般为黑色，而高频变阻二极管的色标颜色则为浅绿色。其极性规律与普通二极管相似，即带绿色环的一端为负极，不带绿色环的一端为正极。如图 3-43 所示为高频变阻二极管的外观。

负极(阴极)　　　　　　　　　　　　　　正极(阳极)

图 3-43　高频变阻二极管的外观

（2）性能好坏的判别　高频变阻二极管检测方法与测量普通二极管正、反向电阻的方法相同，将万用表置于 $R \times 10\mathrm{k}$ 挡测量高频变阻二极管的正、反向电阻值，正常的高频变阻二极管的正向电阻值（黑表笔接正极时）为 $4.5 \sim 6\mathrm{k}\Omega$，反向电阻值为无穷大。若测得其正、反向电阻值不在正常范围内或均为无穷大，则说明被测高频变阻二极管已损坏。

14. 肖特基二极管的检测

肖特基（Schottky）二极管也称肖特基势垒二极管（SBD），是一种低功耗、超高速半导体器件，广泛应用于开关电源、变频器、驱动器等电路，作高频、低压、大电流整流二极管、续流二极管、保护二极管使用，或在微波通信等电路中作整流二极管、小信号检波二极管使用。肖特基二极管检测方法如下。

（1）极性的判别

① 外观判别。如图 3-44 所示，将肖特基二极管的正面向上放置，一般情况下，引脚从左至右分别是 1（正极）、2（负极）、3（正极），不同型号的引脚分布可能存在差异。另外肖特基二极管的一端涂有标记，这一端即是负极，而另一端为正极。

② 万用表检测法。对于外观标识不清的，可采用万用表进行检测，其方法是：

二端型肖特基二极管的检测。将指针式万用表置于 $R \times 1$ 挡，黑、红表笔分别接在肖特基二极管的两个引脚上，如果万用表指针指示值为 $2.5 \sim 3.5\Omega$（正向电阻），则此时黑表笔所接的一端为正极，另一端为负极。也可采用数字万用表进行检测，即将数字万用表置于二极管挡，两只表笔分别接在肖特基二极管的两个引脚上，若显示值为 $0.2 \sim 0.3\text{V}$（正压降），则红表笔所接的引脚为正极，另一个引脚则为负极，交换表笔再测量一次，应显示溢出。

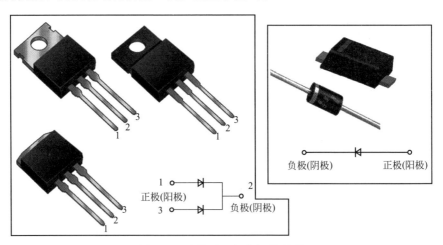

图 3-44　肖特基二极管极性判别

（2）性能好坏的判别

① 二端型肖特基二极管的判别。用指针式万用表检测：将用万用表置于 $R \times 1$ 挡测，黑表笔接正极，红表笔接负极（正常时，其正向电阻值为 $2.5 \sim 3.5\Omega$，反向电阻值为无穷大）；若测得正、反电阻值均为无穷大或均接近 0，则说明该肖特基二极管已开路或击穿损坏。

用数字式万用表检测：将万用表置二极管挡，测量二端型肖特基二极管的正、反向电阻值（正常时，其正向电阻值为 $2.5 \sim 3.5\Omega$，反向电阻值为无穷大）；若测得正、反电阻值均为无穷大或均接近 0，则说明该肖特基二极管已开路或击穿损坏，如图 3-45 所示。

② 三端型肖特基二极管应先测出其公共端，判别出共阴对管，还是共阳对管，然后再分别测量两个二极管的正、反向电阻值。现以二只分别为共阴对管

图 3-45　用万用表检测二端型肖特基二极管

和共阳对管的肖特基晶体二极管测试为例，说明具体检测方法，将引脚分别标号为①、②、③，万用表置于 $R \times 1$ 挡进行下述几步测试，如图 3-46 所示。

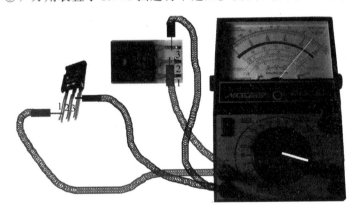

图 3-46　用指针式万用表检测三端型肖特基二极管

第一步：测量①、③脚正反向电阻值，若为无穷大，则说明这两个电极无单向导电性。

第二步：将黑表笔接①脚、红表笔接②脚，如果测得的阻值为无穷大，再将红、黑表笔对调进行测量，如果所测阻值为 $2.5 \sim 3.5\Omega$，则说明②、①脚具有单向导电特性，且②脚为正、①脚为负。

第三步：将黑表笔接③脚、红表笔接②脚，如果测得的阻值为无穷大，再调换红、黑表笔后进行测量，如果所测阻值为 $2.5 \sim 3.5\Omega$，则说明②、③脚具有单向导电特性，且②脚为正、③脚为负。

根据上述三步测量结果，即可判断被测三端肖特基二极管为一只共阳对管，其中②脚为公共阳极，①、③脚为两个阴极。相反的则为共阴对管。

15. 瞬态电压抑制二极管的检测

瞬态电压抑制二极管（TVS）也称双向击穿二极管，是一种具有双向稳压特

性和双向负阻特性的过电压保护器件，类似压敏电阻。它应用于各种交流、直流电源电路中，用来抑制瞬时过电压保护。其检测方法如下。

（1）性能好坏的判别

① 单极型的瞬态电压抑制二极管检测。将万用表置于 $R\times1k$ 挡，红、黑表笔分别接在瞬态电压抑制二极管的两个引脚上，按照测量普通二极管的方法，测出其正、反向电阻，一般正向电阻为 $4k\Omega$ 左右，反向电阻为无穷大。

② 双向极型的瞬态电压抑制二极管检测。将万用表置于 $R\times1k$ 挡，红、黑表笔分别接在瞬态电压抑制二极管的两个引脚上，任意调换红、黑表笔测量其两引脚间的电阻值均应为无穷大，反之，说明瞬态电压抑制二极管的性能不良或已经损坏。

（2）测量反向击穿电压和反向漏电流　使用两块万用表配合绝缘电阻表即可测出瞬态电压抑制二极管的反向击穿电压，具体测试电路如图 3-47 所示。图中 P1、P2 为两块万用表（P1 置于直流 500V 电压挡，P2 置于直流 5mA 电流挡），M 为绝缘电阻表（用于提供测试电压）。测试时，摇动绝缘电阻表，同时观察万用表的读数，其中 P1 指示的即为反向击穿电压，P2 指示的即为反向漏电流。

图 3-47　测量反向击穿电压和反向漏电流

16. 快恢复二极管的检测

（1）两端型快恢复二极管的检测

① 指针式万用表检测：将万用表置于 $R\times1$ 挡，黑、红表笔分别接快恢复二极管的两个引脚，若指示值为 $4.5k\Omega$（正向电阻），则此时黑表笔所接触的一端为

被测管的正极，另一端为负极。将万用表置 $R×1k$ 挡，交换表笔重复测量一次，万用表的指示值应为无穷大（反向电阻）。

② 数字万用表检测：将数字万用表置于二极管挡，两只表笔分别接触被测管的两个引脚，若显示值大于或等于 0.4V（正向电压降），则红表笔接触的引脚为正极，另一个引脚为负极。交换表笔测量，应显示溢出。

（2）三端型快恢复二极管的检测　判定快恢复二极管是属于共阴型还是共阳型结构，与三端型肖特基二极管的检测方法相同。需指出的是，在检测过程中，应注意以下几个事项：有些单管共三个引脚，中间的为空脚，一般在出厂时剪掉，但也有不剪的；如果对管中有一只管损坏，则可作为单管使用；测量正向导通压降时，必须使用 $R×1$ 挡（若用 $R×1k$ 挡，因测试电流太小，远低于管的正常工作电流，故测出的 V_F 值将明显偏低）。

17. 整流桥堆的检测

（1）半桥的检测　半桥是由两只整流二极管组成的，并按共阴或共阳的形式连接（有个别半桥组件内的两只整流二极管是相互独立的）。检测时，可用万用表分别测量半桥组件内部的两只二极管的正、反电阻（正常情况下，单个二极管的正向电阻值为 $4～10k\Omega$，反向电阻值为无穷大），即可判别其性能好坏及鉴别正、负极性，其方法如下。

① 独立式的半桥。独立式的半桥的检测方法与普通二极管的检测方法相同。

② 共阴式半桥。将万用表置于 $R×1k$ 挡，红表笔接半桥的一个引脚，黑表笔分别接另外两个引脚。若指示值均为几千欧至十几千欧，则红表笔所接的引脚为半桥的公共引脚，而且是共阴式半桥结构；若测量不符合上述规律，则将红表笔分两次接另外两个引脚，进行二次判别，最终能得到正确的结论。判别出公共引脚后，将黑表笔接触公共引脚，红表笔分别接触另外两个引脚，若指示值均为无穷大，则说明该半桥是好的。

③ 共阳式半桥。将万用表置于 $R×1k$ 挡，黑表笔接半桥的一个引脚，红表笔分别接另外两个引脚，若指示值均为几千欧至十几千欧，则黑表笔所接的引脚为公共引脚，而且是共阳式半桥结构。与共阴式半桥相仿，通过三次判别，就能得到正确的结论。判别出公共引脚后，将红表笔接触公共引脚，黑表笔分别接触另外两个引脚，若指示值均为无穷大，则说明该半桥没有损坏。

（2）全桥的检测

① 极性的判别有以下几种方法。

外观法。全桥由 4 只二极管组成，有 4 个引出脚。两只二极管负极的连接点是全桥直流输出端的"正极"，两只二极管正极的连接点是全桥直流输出端的"负极"。大多数的整流全桥上，均标注有"＋""－""～"符号（其中"＋"为整流后输出电压的正极，"－"为输出电压的负极，"～"为交流电压输入端），很容易确定出各个电极。

万用表检测法。如果组件的正、负极性标记已模糊不清，也可采用万用表对其进行检测。检测时，将万用表置于 $R \times 1k$ 挡，黑表笔接全桥组件的某个引脚，用红表笔分别测量其余三个引脚，如果测得的阻值都为无穷大，则此黑表笔所接的引脚为全桥组件的直流输出正极；如果测得的阻值均在 $4 \sim 10k\Omega$ 范围内，则此时黑表所接的引脚为全桥组件直流输出负极，而其余的两个引脚则是全桥组件的交流输入脚。

② 性能好坏的判别。全桥组件的性能好坏，可采用指针式万用表或数字万用表进行检测，具体方法如下。

a. 用指针式万用表检测。

方法一：分别测量"＋"极与两个"～"极、"－"极与两个"～"之间各整流二极管的正、反向电阻值（与普通二极管的测量方法相同），如果测试到其中一只二极管的正、反向电阻值均为零或均为无穷大，则可判断该二极管已击穿或开路损坏。

方法二：将万用表置于 $R \times 10k$ 挡，测试两个"～"极之间的正、反向电阻值，正常时阻值均应很大，反之，说明全桥组件中有一只或多只二极管击穿或漏电。

方法三：将万用表置于 $R \times 1k$ 挡，红表笔接"－"极，黑表笔接"＋"极，如果此时测出的正向电阻值略比单只二极管的正向电阻值大，则说明被测全桥组件正常；若正向电阻值接近单只二极管的正向电阻值，则说明该全桥组件中有一只或两只二极管被击穿；若正向电阻值较大，且比两只二极管的正向电阻值大很多，则表明该全桥组件中的二极管有正向电阻变大或开路的二极管。

b. 用数字万用表检测。

方法一：将万用表置于二极管挡，依顺序测量全桥组件的"～""～""－""＋"脚之间的正、反向压降。通常，对于一只性能完好的全桥组件，各个二极管的正向压降均在 $0.524 \sim 0.545$ 范围内，而在测反向压降时万用表应显示溢出符号"1"。

方法二：将万用表置于二极管挡，测量全桥组件的两个"～"极之间和"＋"极与"－"之间的电压。若在测两个"～"极之间的电压时，数字万用表显示溢出符号"1"，而测得"＋"极与"－"极之间的电压在 1V 左右，则说明被测全桥组件的内部无短路现象。

18. 高压硅堆的检测

高压硅堆内部是由多只高压整流二极管（硅粒）串联组成，检测时，可按如图 3-48 所示，将万用表置于 $R \times 10k$ 挡，黑表笔接高压硅堆的正极、红表笔接高压硅堆的负极，测量其正、反向电阻值。正常的高压硅堆，其正向电阻值大于 $200k\Omega$，反向电阻值为无穷大。若测得其正、反向均有一定电阻值，则说明该高压硅堆已击穿损坏。

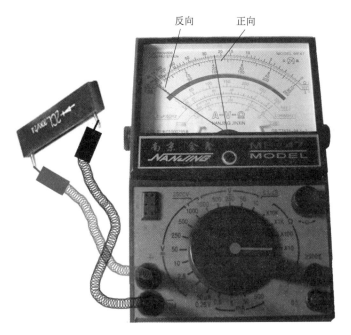

图 3-48　高压硅堆检测

三极管的识别与检测实训

1. 三极管型号的识别

各国三极管的型号命名方法不同，其命名方法如下。

（1）我国三极管的型号命名一般由以下五部分组成，如表3-6所示。

表3-6 三极管型号命名

第一部分	第二部分	第三部分	第四部分	第五部分
用数字3表示三极管	用字母表示材料和极性 A：PNP型锗材料；B：NPN型锗材料；C：PNP型硅材料；D：NPN型硅材料；E：化合物材料	用字母表示类型 Z：整流管；L：整流堆；S：隧道管；U：光电管；K：开关管；T：闸流管；B：雪崩管；N：阻尼管；X：低频小功率管；G：高频小功率管；D：低频大功率管；A：高频大功率管；Cs：场效应器件；FH：复合管；JB：激光器件；BT：半导体特殊器件	用数字表示序号	用字母表示规格

例如三极管3DG6C中的"3"表示为三极管、D为NPN型硅材料、G为高频小功率管、6为序号、C为区别代号

（2）日本三极管的型号由四部分组成，其含义如下。

第一部分：PN结个数（用数字2表示），表示三极管有2个PN结。

第二部分：日本电子工业协会（JEIA）注册标志（用字母S表示），表示已注册的标记。

第三部分：极性和类型（用字母表示），表示三极管的极性和类型，其中，通常A、B表示PNP型管，C、D表示NPN型管，A、C表示高频管、B、D表示低频管。但也有例外的特殊情况，使用时应予以注意。

第四部分：登记号（用二位以上的数字表示），表示此型号在日本电子工业协会（JEIA）的登记号。一般来讲，数字越大，越是近期产品。但对于连号的三极管，其性能不一定完全相似。另外，数字后若带有英文字母，则表示是原型号的改进产品。

（3）美国三极管的型号命名方法：美国生产的三极管型号命名方法与日本的类似。其特点是用2N开头，2也表示2个PN结，N表示美国电子工业协会（EIA）注册标志，型号的第三部分与日本不同，不表示极性和类型，而与日本三极管第四部分相同，用数字表示注册登记号。美国型号比日本型号简单，因而型

号中不能反映出三极管的硅、锗材料，PNP 和 NPN 极性，高、低频管和特性，只能从 2N 开头的型号上识别出是美国生产或其他国产生产美国型号的三极管。

（4）欧洲三极管型号的命名方法：欧洲的许多国家命名三极管型号的方法均相差不大。其型号都是直接用字母 A、B 开头（A 表示锗管，B 表示硅管），在第二部分字母中用 C、D 表示低频管，F、L 表示高频管（C、F 为小功率管，D、L 为大功率管），用 S 与 U 分别表示小功率开关管与大功率开关管。型号的第三部分用三位数表示登记序列号。

除上述三极管的命名方法外，韩国三星电子公司生产的三极管以四位数字来表示型号（如 8050、8550、9011、9018），目前在我国市场上也较为多见。

2. 贴片三极管标注的识别

贴片三极管均为片装，有矩形和圆形两种，其型号标记（代码）也是由字母或字母与数字组合而成的。最多不超过 4 位。少数某一代码，不同厂家用来可能代表不同型号，也可能代表不同器件。

3. 普通三极管的检测

（1）极性与管型的判别

① 外观识别。如图 3-49 所示，采用金属外壳封装的小功率三极管，如果管壳上带有定位销，将管底朝上，从定位销起，按顺时针方向，3 根电极依次为 e、b、c；如果管壳上无定位销，且 3 根电极在半圆内（或等腰三角形），将有 3 根电极的半圆置于上方，按顺时针方向，3 根电极依次为 e、b、c，如图 3-49（a）所示。采用塑料外壳封装的小功率三极管，3 根电极排列如图 3-49（b）所示。对于大功率三极管，外形一般为 F 型和 G 型两种，如图 3-49（c）所示。F 型管从外形上只能看到两根电极，将管底朝上，2 根电极置于左方，则上为 e，下为 b，底座为 c。G 型管的 3 个电极一般在管壳的顶部，将管底朝上，3 根电极置左方，从最下电极起，顺时针方向依次为 e、b、c。

② 若电极不易辨别，可采用万用表进行测试，其方法如下。

a. 判别基极。将万用表置于电阻挡，红表笔任意接三极管的一个电极，黑表笔依次接另外两个电极，分别测量它们之间的电阻值。若测出阻值均为几百欧，则红表笔接触的电极为基极 b，此管为 PNP 管；若测出阻值均为几十至上百千欧，则红表笔接触的电极也为基极 b，此管为 NPN 管。

b. 判别集电极和发射极。在判别出管型和基极 b 的基础上，可以再采用以下方法判别集电极 c 和发射极 e。

方法一：将万用表置于电阻挡，对于 PNP 型管，红表笔接基极 b，黑表笔分别接另外两个引脚，测出两个电阻值。在阻值小的一次测量中，黑表笔所接的引脚为集电极；在阻值大的一次测量中，黑表笔所接的引脚为发射极。对于 NPN 型管，将黑表笔接基极 b，用红表笔接其余两个引脚，测出两个电阻值。在阻值较小的一次测量中，红表笔所接的引脚为集电极；在阻值较大的一次测量中，红表笔所接的引脚为发射极。

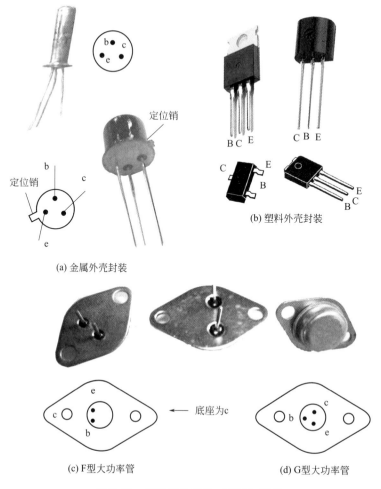

(a) 金属外壳封装

(b) 塑料外壳封装

(c) F型大功率管

(d) G型大功率管

图 3-49　三极管的极性（引脚）识别

方法二：将万用表置于电阻挡，任意假定一个电极为集电极 c，另一个电极为发射极 e。以 PNP 管为例，将红表笔接 c 极，黑表笔接 e 极，再用手同时捏一下三极管的 b、c 极（注意不能使 b、c 两极直接相碰），测出某一阻值。然后将两只表笔对调进行第二次测量，将两次测出的电阻值相比较，阻值小的一次，红表笔所接的电极为集电极。对于 NPN 型管，具体操作方法与测与 NPN 型管的基本相同，但按正常接法，在阻值小的一次测量中，黑表笔所接的电极为集电极。

方法三：将万用表置于电阻挡，以测试 NPN 型管为例。先使被测量的三极管的基极悬空，将万用表的红、黑表笔分别任接其余两个引脚，此时指针应指在"∞"处。然后用手指同时按住基极与右边的引脚，若万用表指针向右偏转较明显，则表明右边的引脚为集电极 c，左边的引脚为发射极 e。如果万用表指针基本不摆动，再用手指同时捏住基极 b 与左边的引脚，若指针向右偏转较明显，则说明左边的引脚为集电极 c，右边的引脚为发射极 e。对于 PNP 型管，具体操作方法与测量 NPN 型管的基本相同，但按正常的接法，发射极 e 接到黑表笔时，万用表指针的摆幅才会很明显。

（2）判别硅管与锗管　一般来说，硅管和锗管的 PN 结的正向电阻是不一样的，即硅管的正向电阻大、锗管的正向电阻小。利用这一特性，即可用万用表来判别一只三极管是硅管还是锗管。

将万用表置于电阻挡，测量 PNP 型三极管时，万用表的红表笔接基极，黑表笔接集电极或发射极；测量 NPN 型三极管时，万用表的黑表笔接基极，红表笔接集电极或发射极。按上述方法接好后，如果万用表的表针指示在表盘的右端或靠近满刻度的位置上（即阻值较小），则被测三极管是锗管；如果万用表的表针在表盘的中间或偏右一点的位置上（即阻值较大），则被测三极管是硅管。

（3）判别高频管与低频管　如果高、低频管外壳上的型号标志清楚，可以通过查询相关手册直接加以区分。如果它们的标志模糊，可利用其 V_{EBO} 的不同，用万用表测量发射结的反向电阻进行判别。具体方法是：以 NPN 型三极管为例，将万用表置于 $R \times 1k$ 挡，黑表笔接发射极 e，红表接基极 b，此时电阻值应在几百千欧以上。然后将万用表置于 $R \times 10k$ 挡，红、黑表笔接法不变，重新测量一次 e、b 极之间的电阻值。若所测阻值与第一次测得的阻值相差不大，则说明被测管为低频管；若阻值相差较大，且超过万用表满刻度 1/3，则说明被测管为高频管。

（4）性能好坏的判别　已知型号和引脚排列的三极管，可按下述方法来判断其性能好坏。

① 测量极间电阻。测量三极管极间电阻时，将万用表置于电阻挡。在不知极性的情况下，将万用表的红表笔任意与一个引脚相碰，黑表笔接触其他两个引脚，如果测得的阻值较小，交换表笔后测量的阻值均很大，则说明被测管中的一个 PN 结是好的。反之，若测得阻值很大，交换表笔重新测试后阻值较小，也说明该三极管中的一个 PN 结是好的。需指出的是，如果两次测的阻值均很大，则可能是被测 PN 结开路损坏或测量的是两个 PN 结，这是因为，正常三极管的集电结与发射结之间的正、反向电阻值都较大。对于此类情况，应及时将其中一支表笔与三极管的第三个引脚相碰，然后重复上述过程。在测试好第一个 PN 结后，将万用表的红表笔接任意一个引脚，用黑表笔分别接触另外两个引脚，如果测得阻值较小，交换表笔后测得阻值很大，则说明被测管的第二个 PN 结也是正常的。一般来说，两个 PN 结的正、反向电阻值相差越大，说明此三极管的性能越好。

将万用表置于 $R \times 1k$ 挡，按照如图 3-50 所示的红、黑表笔的 6 种不同接法进行测试。其中，发射结和集电结的正向电阻值比较低，其他 4 种接法测得的电阻值都很高，约为几百千欧至无穷大。但不管是低电阻还是高电阻，硅材料三极管的极间电阻要比锗材料三极管的极间电阻大得多。

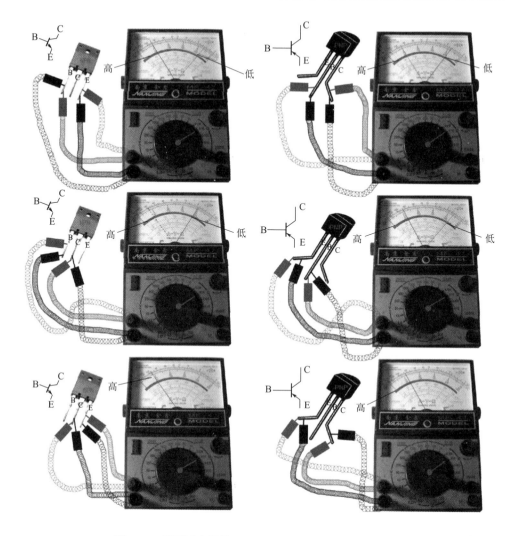

图 3-50　用万用表测量 NPN/PNP 型三极管的极间电阻

② 测量穿透电流 I_{CEO}。

a. 中、小功率三极管的检测方法。通过用万用表测量三极管 e-c 极之间的电阻，可间接估算出穿透电流 I_{CEO} 的大小，具体检测方法如图 3-51 所示。将万用表置于 $R \times 100$ 或 $R \times 1\text{k}$ 挡，以测量 PNP 型三极管为例，红表笔接集电极，黑表笔接发射极，所测阻值一般在 $100\text{k}\Omega$ 以上（此值越大越好）。如果指示的阻值很小或测试时万用表指针来回晃动，则说明被测管的 I_{CEO} 太大，三极管的性能不稳定。测试 NPN 型三极管的测试方法与上述方法相同，只是表笔应反接。

在测量三极管的 I_{CEO} 时，用手捏住管壳约 1min，同时观察万用表指针向右摆动的情况。指针向右摆动的速度越快，则说明三极管的稳定性越差。

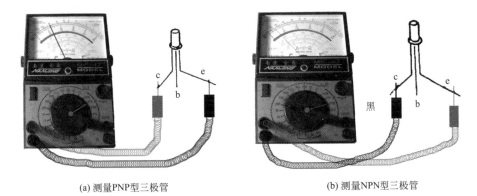

(a) 测量PNP型三极管　　　　　　　　(b) 测量NPN型三极管

图 3-51　测量中、小功率三极管的穿透电流

　　b. 大功率三极管的检测方法。将万用表置于直流电流 500mA 挡，再按如图 3-52 所示连接电路（图中 E 为直流稳压电源、R 为 510Ω 电阻）。电路接通后，万用表指示的电流值就是被测三极管的 I_{CEO} 值。

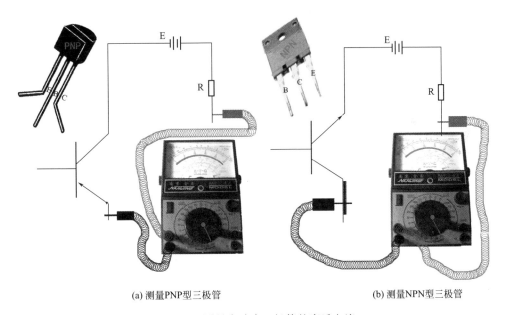

(a) 测量PNP型三极管　　　　　　　　(b) 测量NPN型三极管

图 3-52　测量大功率三极管的穿透电流

　　③ 测量集电极反向饱和电流 I_{CBO}。以测量 PNP 型三极管为例，将万用表置于 $R\times1k$ 挡，红表笔接集电极、黑表笔接基极，测出集电结的反向电阻值（正常时为几百 kΩ 或无穷大）。此值越大，说明集电极反向饱和电流 I_{CBO} 就越小。I_{CBO} 大的三极管，其反向漏电流大，工作不稳定。测试 NPN 型三极管的测试方法与上述方法相同，只是表笔应反接。

　　④ 测量电流放大系数 β（或 h_{FE}）。

a. 中、小功率三极管的检测方法。用指针式万用表检测：将万用表置于直流 50mA 挡，然后将三极管接入如图 3-53 所示的电路（图中 E 为 1.5V 电源、R 为 30kΩ 电阻），根据此时万用表的指示值 I，即可估计出被测三极管的直流放大系数 β，即 $\beta \approx 20I$（β 值与使用的电源电压有一定关系，通常电源电压越高，测得的 β 值也越大）。利用此电路还可测量三极管的 I_{CBO} 和 I_{CEO}，方法是将三极管的 c、b 或 e、c 极接入相应电路，万用表指示的数值便是 I_{CBO} 或 I_{CEO} 值（为了使读数精确一些，可将万用表拨至直流 1mA 或 50μA 挡进行测量）。

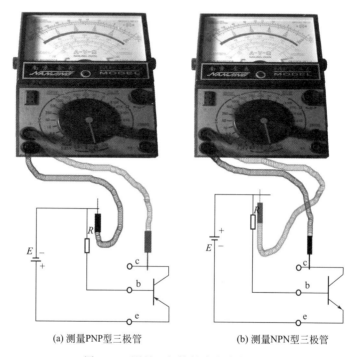

(a) 测量PNP型三极管　　　　　　　　(b) 测量NPN型三极管

图 3-53　测量三极管的直流放大系数

b. 大功率三极管的检测。将万用表置于直流电流 100mA 挡，再按如图 3-54 所示（图中电阻 R 的阻值为 20Ω、功率大于 5W，二极管 V 选用硅二极管，直流稳压电源 E 的输出电压为 12V、输出电流大于 600mA）连接好电路，然后接通开关 S，再用万用表的红表笔接触测试点 A、黑表笔接触测试点 B，此时万用表指示的电流就是被测晶体三极管的基极电流 I_b，h_{FE} 可按下式算出：

$$h_{FE} = \frac{I_c}{I_b} - 1$$

式中，I_b 单位为 mA，测试条件是 V_{ce} 为 1.5～2V；I_c 为 500mA 左右。

⑤ 测量放大能力。

a. 中、小功率三极管的检测方法。以测量 PNP 型三极管为例，将万用表置于 $R \times 1k$ 挡，红表笔接集电极、黑表笔接发射极，测出阻值。然后按如图 3-55 所示，在集电极与基极之间接入一只阻值为 50～100kΩ 的固定电阻（或利用人体电阻，

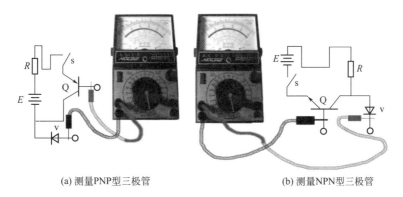

(a) 测量PNP型三极管　　　　　　　　(b) 测量NPN型三极管

图 3-54　测量大功率三极管的电流放大系数

即用手捏住 c、b 两脚，注意 c、b 引脚不能短接），此时万用表指示的阻值应变小，阻值越小则表明被测的三极管的 β 值越大，即放大能力越强。对于 NPN 型三极管，测量放大能力的方法与上述方法相同，但注意表笔应反接。

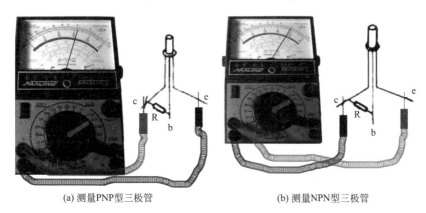

(a) 测量PNP型三极管　　　　　　　　(b) 测量NPN型三极管

图 3-55　测量中、小功率三极管的放大能力

　　b. 大功率三极管的检测方法。将万用表置于 $R \times 1$ 挡，再按如图 3-56 所示连接电路（图中 R 阻值为 $500\Omega \sim 1k\Omega$）。测量时，先悬空三极管的基极 b（即不接电阻 R），再万用表测量集电极 c 与发射极 e 之间的阻值，正常时应为"∞"（锗管稍小一些）。若测出阻值很小或为零，则说明该三极管的穿透电流 I_{CEO} 太大或已经损坏。然后再将电阻 R 接到 b 与 c 极之间，万用表指示的阻值应明显减少，减少得越多，则说明该晶体三极管的放大能力就越强。如果接上电阻 R 后，万用表指示阻值与 R 接近，则说明被测三极管的放大能力很小或已经损坏。

　　⑥ 测量大功率三极管的饱和压降。

　　a. 测量集电极与发射极之间的饱和压降 V_{CES}。将万用表置于直流 10V 电压挡，然后按如图 3-57 所示连接好电路（图中，E 为 12V 直流电源，R_1、R_2 分别为 $20\Omega/5W$、$200\Omega/0.25W$ 电阻）。测试条件，I_c 为 600mA、I_b 为 60mA。对于 PNP 型三极管，将万用表按图 3-57(a) 所示连接，即可测出 V_{CES}；对于 NPN 型

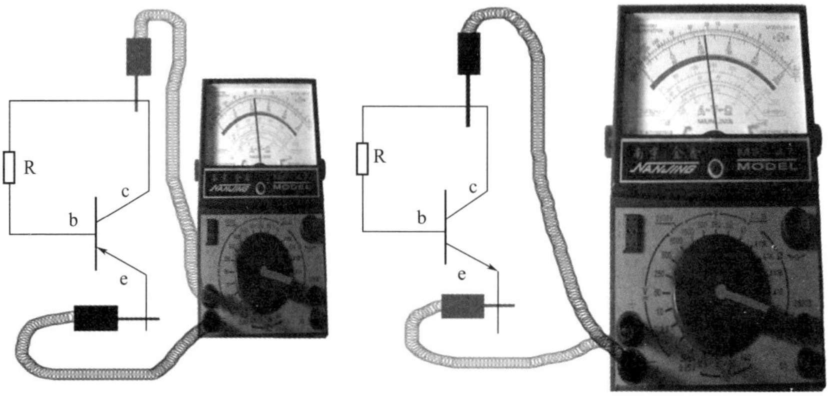

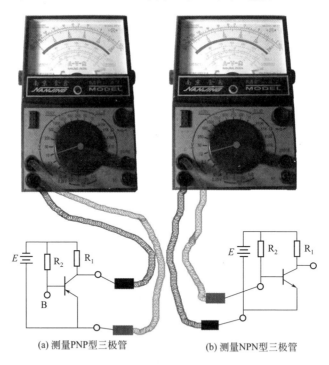

(a) 测量PNP型三极管　　　　　　　(b) 测量NPN型三极管

图 3-56　测量大功率三极管的放大能力

三极管，将万用表按图 3-57(b) 所示连接，即可测出 V_{CES}。

(a) 测量PNP型三极管　　　　　　(b) 测量NPN型三极管

图 3-57　测量大功率三极管的 V_{CES} 和 V_{BES}

　　b. 测量基极与发射极之间的饱和压降 V_{BES}。测试电路如图 3-57 所示，对于 PNP 型三极管，红表笔接 C 测试点，黑表笔接 B 测试点，即可测出 V_{BES}；对于 NPN 型三极管，黑表笔接 C 测试点，红表笔接 B 测试点，即可测出 V_{BES}。

　　在测量 V_{CES} 和 V_{BES} 时，如果被测三极管的 h_{FE} 小于或等于 10，无法达到饱和状态，则不能用上述方法进行测试。

（5）在路检测三极管

① 在路不加电检测。将万用表置于 $R \times 10$ 或 $R \times 1$ 挡，测出三极管各极的正、反向电阻值。以 PNP 型三极管为例，若测得发射结正向电阻值在 30Ω 左右、反向电阻值在数百欧以上，则说明该管的发射结正常。再测量集电结正、反向电阻值，如果与测试发射结的结果相近，则说明该管的集电结良好，并且可判定管子的性能是良好的。在测试过程中，如果测出的反向电阻值较大或较小，则可能是 PN 结已开路或击穿损坏。对于此类情况，应将三极管从印制电路板上焊下来，按以前有关内容介绍的检测方法对其进行单独复测，以进一步核实该三极管是否损坏。

测试 NPN 型三极管，其测试方法与 PNP 型三极管的相似，只是应交换表笔，测得的正反向电阻值略大而已。

② 在路加电检测。处于线性放大状态的三极管在正常工作时，发射结上应有正向偏置电压（锗管为 $0.2 \sim 0.3\text{V}$、硅管为 $0.6 \sim 0.8\text{V}$），集电结上应有反向偏置电压（一般在 2V 以上），可用万用表适当的直流电压挡进行测量。具体测试方法如图 3-58 所示，如果测得的电压不在正常范围之内，则说明三极管有问题。另外，当三极管发生故障时，各个电极的对地直流电压也会发生变化，此时可通过测量集电极和发射极对地电压值的大小来进行判断。

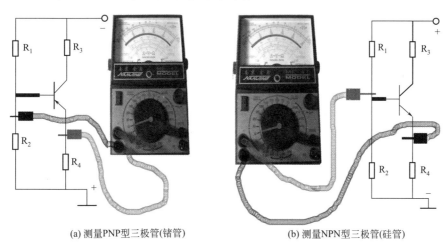

(a) 测量PNP型三极管(锗管)　　　　　　(b) 测量NPN型三极管(硅管)

图 3-58　在路测量三极管 e、b 极间的电压

三极管在路放大能力：将万用表置于直流电压挡，红表笔接在集电极焊点上，黑表笔接在发射极焊点上，再用电线将基极与发射极（或地）瞬间短路一下，若万用表的指针摆动较大，则说明被测三极管有放大能力（通常指针摆幅越大，三极管的放大能力就越强）。需指出的是，此方法不宜测试在高电压下工作的三极管，测前须对三极管周围的元器件进行了解。

4. 带阻三极管的检测

带阻三极管内部含有 1 只或 2 只电阻器，故检测的方法与普通三极管略有不同。检测之前应先了解三极管内电阻器的阻值，不同型号的带阻三极管测量值也不同。一般 b-e、b-c、c-e 极之间正反向电阻相对普通三极管均要大得多，具体大多少视电阻的不同而不同。带阻三极管的检测方法如下。

① 将万用表置 $R \times 1k$ 挡（如图 3-59 所示），测带阻三极管各电极之间的电阻值。

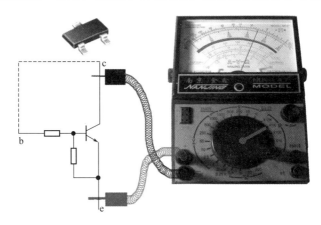

图 3-59　用万用表检测带阻晶体三极管

② 测集电极 c、基极 e 之间的正向电阻值，万用表表笔与集电极、基极的连接方法是：测 NPN 型三极管，黑表笔接 c 极、红表笔接 e 极；对于 PNP 型三极管，黑表笔接 e 极、红表笔接 c 极。正常时，c、e 极之间的正向电阻值应为无穷大。然后用导线将短接被测三极管的 b、c 极，此时阻值应变小，表明被测三极管是好的。如果短接后所测阻值没有变化，说明该三极管不良。

③ 测量 b-c 和 b-e 极间电阻时，红、黑表笔分别接 b、c 和 b、e 极测出一组数字，然后对调表笔测出第二组数字，其数值均较大时，则表明该三极管正常。具体电阻值大小受管内 R_b、R_e 影响而不完全相同。

5. 带阻尼三极管的检测

带阻尼三极管是其内部集成了阻尼二极管的三极管。常见有行输出带阻尼输出三极管。带阻尼行输出三极管是电视机与显示器行输出电路中的重要元器件，要求耐高反压，所以在结构上与普通大功率三极管有所不同，其检测方法如下。

（1）质量好坏的检测　带阻尼行输出三极管的好坏，可以通过检测其各极间电阻值的方法来进行判断。检测时，将万用表置于 $R \times 1$ 挡，测量带阻尼行输出三极管各电极之间的电阻值。具体测试方式及步骤如下。

① 如图 3-60 所示，将红表笔接 e、黑表笔接 b，测发射结（基极 b 与发射极 e 之间）的正、反向电阻值（此时相当于测量大功率管 b-e 结的正向电阻值与保护电阻 R 并联后的阻值），正常时行输出三极管发射结的正、反向电阻值均较小（为 20～50Ω）。将红、黑表笔对调（此时则相当于测量大功率管 b-e 结的反向电阻值与保护电阻 R 的并联阻值），正、反向电阻值仍然较小。

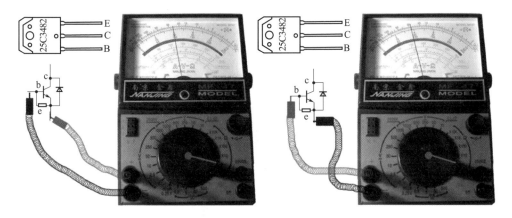

图 3-60　用万用表检测 e、b 极间的正、反向电阻值

② 如图 3-61 所示，将红表笔接 c 极、黑表笔接 b 极，测集电结（基极 b 与集电极 c 之间）的正、反向电阻值。正常时，正向电阻值为 3～10kΩ，反向电阻值为无穷大。若测得正、反向电阻值均为 0 或均为无穷大，则说明该管的集电结已击穿损坏或开路损坏。

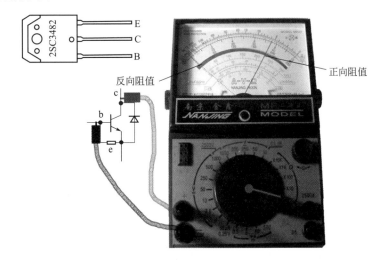

图 3-61　用万用表检测 c、b 极间的正、反向电阻值

③ 如图 3-62 所示，将黑表笔接 e、红表笔接 c，测量行输出管 c、e 极内部阻尼二极管的正向电阻，测得的阻值一般都较小（几欧至几十欧）；将红、黑表笔对调，测得行输出管 c、e 内部阻尼二极管的反向电阻，测得的阻值一般较大（在 300kΩ 以上）。若测得 c、e 极之间的正反向电阻值均很小，则是行输出管 c、e 极之间短路或阻尼二极管击穿损坏；若测得 c、e 极之间的正、反向电阻值均为无穷大，则是阻尼二极管开路损坏。

按上述方法测出被测管的各极间电阻值，若阻值读数符合上述规律，即可大

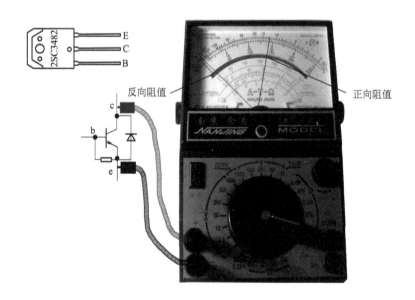

图 3-62　万用表检测 c、e 极间的正、反向电阻值

致判断它的好坏。这种方法也可用来识别行输出三极管中是否带有内置阻尼二极管和保护电阻。

　　（2）测试放大能力（β）　由于此类行输出三极管自带内置阻尼二极管，且还接有内置保护电阻，因此，不能直接用万用表的 h_{FE} 挡测量其 β 值，正确的测量方法如图 3-63 所示。在被测管的 c-b 之间接一只 40kΩ 的电位器 RP（相当于给基极加偏置电阻），然后将万用表进行调整后（调到 ADJ，将红黑表笔短接），再将行输出三极管的各个电极与 h_{FE} 插孔连接。适当改变 RP 的阻值（一般应向阻值小处调整），同时观察万用表表针读数的变化情况。一般来说，读数变化越大，则管子的 β 值就越大。有些生产厂家直接在其管壳顶部标示出不同色点来表明行输出三极管的放大倍数的 β 值，这些行输出三极管则不用测量 β 值。

　　6. 光电三极管的检测

　　（1）引脚极性的判别　光电三极管只有集电极 c 和发射极 e 两个引脚，基极 b 为受光窗口。如图 3-64 所示，从外观上看，一般来说，光电三极管的引脚较长（或靠近管键）的是发射极 e，离管键较远或较短的引脚为集电极 c。另外，对于达林顿型光电三极管，封装缺圆的一侧一般为集电极 c。

　　（2）性能好坏的判别　用一块黑布遮住光电三极管外壳上的透明窗口，将万用表置于 $R×1k$ 挡，两只表笔任意接两个引脚检测光电三极管的正反向电阻值，如图 3-65 所示。正常时，正、反向电阻值均为无穷大。交换万用表表笔再测量一次，阻值也应为无穷大。若测出一定阻值或阻值接近 0，则说明该光电三极管已漏电或已击穿短路。

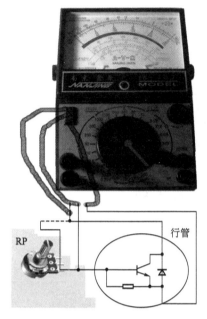

图 3-63 检测带阻尼行输出三极管的 β 值

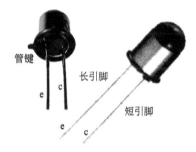

图 3-64 光电晶体三极管外观

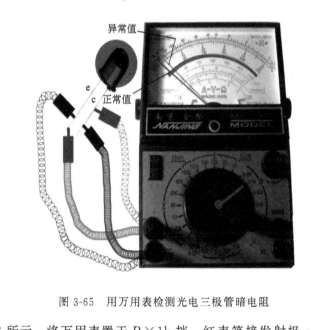

图 3-65 用万用表检测光电三极管暗电阻

如图 3-66 所示，将万用表置于 $R \times 1k$ 挡，红表笔接发射极 e，黑表接集电极 c，然后使受光窗口朝向某一光源（如白炽灯），同时注意观察万用表指针的指示情况，正常时指针向右偏转至 $15 \sim 35 k\Omega$（一般来说，偏转角度越大，则说明其灵敏度越高）。如果受光后，光电三极管的阻值较大，即万用表指针向右摆动的幅度很小，则说明其灵敏度低或已经损坏。

图 3-66　用万用表检测光电三极管亮电阻

（3）判别光电二极管与光电三极管　用黑布遮住管外壳上的透明窗口，选用万用表 $R×1k$ 挡，测试两个引脚之间的正、反向电阻。若测出的正、反向电阻值均为无穷大，则说明被测管为光电三极管；若测出的正、反向电阻值一大一小，则说明为光电二极管。

7. 普通达林顿管的检测

普通达林顿管内部由两只或多只三极管的集电极连接在一起复合而成，其基极 b 与发射极 e 之间包含多个发射结。普通达林顿管检测方法如下。

（1）极性的判别

① 判别基极与达林顿管的类型。如图 3-67 所示，将万用表置于 $R×1k$ 挡，红表笔接引脚 2，用黑表笔分别接触引脚 1、3 时，均测得低阻值，则说明红表笔接的电极为基极 b，且被测管为 PNP 型管。同理，如果用黑表笔接引脚 2，红表笔分别接触引脚 1、3 时，测得的阻值都较小，则说明黑表笔接的是基极 b，且被测管为 NPN 型管。

② 判别集电极与发射极。首先将黑表笔接引脚 1，红表笔接引脚 3，测量电阻值在数百千欧之间。接着用手指接触基极引脚 2，此时可以观察到表针大幅度向右偏转，指在几十千欧处。然后将红、黑表笔对调，并再次用手指接触基极时，发现表针不动。由此判定被测达林顿管的 1 脚为发射极，3 为集电极，并且此管的放大能力很强。在上述测量过程中，注意不能用手去摸管壳。

（2）性能好坏的判别　普通达林顿管性能好坏的检查方法与普通三极管的基本相同，其方法如下。

① 将万用表置于 $R×10k$（或 $R×1k$）挡，测量达林顿管各电极之间的正、反向电阻值。

② 测基极 b 与发射极 e 之间的正、反向电阻值时，万用表表笔与基极、发射极的连接方法为：测 NPN 管时，黑表笔接基极 b；测 PNP 管时，黑表笔接发射极

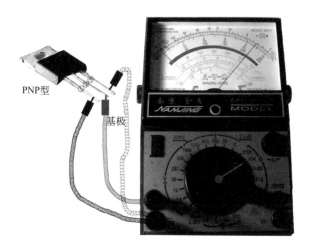

图 3-67　万用表判别达林顿管的基极

e。它们之间正常时的电阻值是：正向电阻一般为 5～30kΩ，反向电阻值为无穷大。

③ 测基极与集电极之间的正、反向电阻值时，万用表表笔与基极、集电极的连接方法为：测 NPN 管时，黑表笔接基极 b；测 PNP 管时，黑表笔接集电极 c。它们之间正常时的电阻值是：一般正向阻值为 3～10kΩ，反向阻值为无穷大。

④ 集电极与发射极之间的阻值一般接近为无穷大。

在上述的测量过程中如果 b、e 极间正反向电阻值，b、c 间的正反向电阻、c、e 间的电阻值均接近 0 时，说明该管已击穿损坏。若测得 b、e 极间或 b、c 极间的正向阻值为无穷大，则说明该管开路损坏。

8. 大功率达林顿管的检测

检测大功率达林顿管的方法与检测普通型达林顿管的基本相同，但由于大功率达林顿管在普通达林顿管的基础上增加了由续流二极管和泄放电阻组成的保护电路，在测量时应注意这些元器件对测量数据的影响。其检测方法如下。

① 将万用表置于 $R\times1k$（或 $R\times10k$）挡，测量达林顿管集电极 c 与基极 b 之间的正、反向电阻值。正常时，正向电阻值（NPN 管的基极接黑表笔时）应较小（为 1～10kΩ），反向电阻值应接近无穷大。若测得集电结的正、反向电阻值均很小或均为无穷大，则说明该管已击穿短路或开路损坏。

② 将万用表置于 $R\times100$ 挡，测量达林顿管发射极 e 与基极 b 之间的正、反向电阻值。正常值均为几百欧至几千欧。若测得阻值为 0 或无穷大，则说明被测管已损坏。

③ 将万用表置于 $R\times1k$（或 $R\times10k$）挡（测 NPN 管时，黑表笔接发射极 e，红表笔接集电极 c；测 PNP 管时，黑表笔接集电极 c，红表笔接发射极 e），测量达林顿管发射极 e 与集电极 c 之间的正、反向电阻值。正常时，正向电阻值应为 5～15kΩ，反向电阻值应为无穷大；若阻值与正常值有相差较大，则说明该管的 c、e 极（或二极管）击穿或开路损坏。

9. 贴片三极管的检测

贴片三极管好坏的检测方法与普通三极管的相同。检测贴片三极管时，首先将三极管所在电路的电源断开，然后检查贴片三极管有无烧焦、虚焊等明显的物理损坏；若有，说明该贴片三极管已发生损坏。

晶闸管的识别与检测实训

1. 晶闸管型号的识别

（1）国产晶闸管的型号命名主要由四部分组成，如下。

第一部分为主称晶闸管，用字母"K"表示。

第二部分表示类别，用字母表示，如下："P"表示普通反向阻断型；"K"表示快速反向阻断型；"S"表示双向型。

第三部分表示额定通态电流值（正向电流），用数字表示，如下：数字"1"表示为1A；"5"表示5A；"10"表示10A；"20"表示20A；"30"表示30A；"50"表示50A；"100"表示100A；"200"表示200A；"300"表示300A；"400"表示400A；"500"表示500A。

第四部分为重复峰值电压级数（额定工作电压），用数字表示，如下：数字"1"表示为100V；"2"表示为200V；"3"表示为300V；"4"表示为400V；"5"表示为500V；"6"表示为600V；"7"表示为700V；"8"表示为800V；"9"表示为900V；"10"表示为1000V；"12"表示为1200V；"14"表示为1400V。

例如：型号为KP5-8的晶闸管中"K"为晶闸管、"P"为普通反向阻断型、"5"为通态电流1A、"8"为重复峰值电压为200V；型号KS5-4的晶闸管中"K"为晶闸管、"S"为双向晶闸管、"5"为通态电流5A、"4"为重复峰值电压400V。

（2）国外晶闸管命名。

① 单向晶闸管的命名。SCR是单向晶闸管的统称，各个生产商有其自己产品命名方式，如下：

摩托罗拉半导体公司取第一个字母"M"代表其摩托罗拉，"CR"代表单向，因而组合成单向晶闸管"MCR"的第一代命名，如型号为MCR100-6、MCR22-6、MCR25M等。

飞利浦公司则沿袭了BT字母来对单向晶闸管的命名，如型号为BT145-500R、BT169D、BT258-600R等。

日本三菱公司（现瑞萨科技公司）在单向晶闸管器件命名上，则去掉了"SCR"的第一个字母"S"，以"CR"直接命名，如型号为CR02AM、CR03AM等。

意法半导体公司（ST）则以字母X、P、TN、TYN、TS、BTW为型号前缀来命名单向晶闸管，如型号为X0405MF、P0102MA、TYN825、BTW67-600等。

美国泰科（TECCOR）公司则以字母"S"为型号前缀来对单向晶闸管命名，如 S8065K、S8025L 等。

② 双向晶闸管的命名。TRIAC 是双向晶闸管的统称，各个生产商有其自己产品命名方式，如下：意法（ST）公司、荷兰飞利浦公司以"BT"为型号前缀来命名双向晶闸管，如型号为 BT131-600D、BT138-600E、BT139-600E 等。飞利浦公司型号前缀为"BTA"字头的，通常是指三象限的双向晶闸管。意法公司，则以"BT"字母为前缀后加"A"或"B"来表示绝缘与非绝缘。组合成"BTA""BTB"系列的双向晶闸管型号，如型号为四象限/绝缘型/双向晶闸管 BTA06-600C、BTA41-600B 等；四象限/非绝缘/双向晶闸管 BTB12-600B、BTB16-600B 等。意法公司产品型号的后缀字母带"W"的，均为"三象限双向晶闸管"。如"BW""CW""SW""TW"，具体型号如 BTA26-700CW、BTA08-600SW 等。

型号后缀字母的触发电流，各个厂家的代表含义如下：飞利浦公司用字母"D"表示 5mA、"E"表示 10mA、"C"表示 15mA、"F"表示 25mA、"G"表示 50mA、"R"表示 200uA 或 5mA，型号没有后缀字母的，通常触发电流为 25-35mA。意法公司用字母"TW"表示 5mA、"SW"表示 10mA、"CW"表示 35mA、"BW"表示 50mA、"C"表示 25mA、"B"表示 50mA、"H"表示 15mA、"T"表示 15mA。注意：以上触发电流均有一个上下起始误差范围，一般有最小值/典型值/最大值。

2. 单向晶闸管的检测

（1）单向晶闸管三个引脚极性的判别　一般情况下，单向晶闸管按阴极 K、阳极 A、控制极 G 的引脚顺序排列（如图 3-68 所示），实际使用时应进行检测，检测的方法也比较简单。由于单向晶闸管的 G、K 极之间只有一个 PN 结，因此它们之间的正反向电阻和普通二极管一样，而 A、K 极之间的正反向电阻均应很大，根据这个原理就可以判别出各引出端的极性。

判定方法如图 3-69 所示，将万用表置于 $R \times 100$ 挡，黑表笔任接单向晶闸管

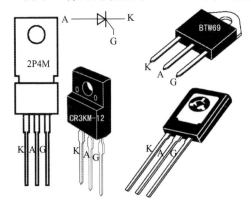

图 3-68　单向晶闸管的外形

的某一引脚，红表笔依次去触碰另外两个引脚，如测量有一次阻值为几百欧，而另一次阻值为几 kΩ，则可判定黑表笔所接的为控制极 G。测量中阻值为几百欧的那次中，红表笔接的是阴极 K，而阻值为几千欧的那次测量，红表笔接的是阳极 A。如果两次测出的阻值都很大，说明黑表接的不是控制极 G。

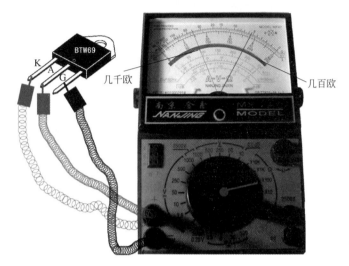

图 3-69　单向晶闸管三个引脚极性的判别

（2）单向晶闸管质量的判别　将万用表置于 $R×10$ 挡，黑表笔接 A 端，红表笔接 K 端，此时万用表指针应不动，如有偏转，说明单向晶闸管已被击穿。用短线瞬间短接阳极（A）和控制极（G），若万用表指针向右偏转，阻值读数为 $10Ω$ 左右，说明单向晶闸管的性能良好。

（3）单向晶闸管触发能力的检测

① 单向晶闸管触发电流大小判别。将万用表分别置于 $R×10$、$R×100$、$R×1k$ 等挡，用黑表笔接 A 端，红表笔接 K 端，用导线在 A、G 之间接通一下，万用表指针立即偏转，说明单向晶闸管的导通能力正常。如果在使用高阻挡（如 $R×1k$ 挡）时，单向晶闸管仍能触发导通，表明该单向晶闸管所需的触发电流较小。

② 小功率单向晶闸管触发能力的判别。如图 3-70 所示是一种测量小功率晶闸管触发能力的电路。使用指针式万用表，将表笔置于 $R×1$ 或 $R×10$ 挡，检测步骤如下。

按图 3-70 所示，先断开开关 S，此时晶闸管尚未导通，测出的电阻值较大，表针应停在无穷大处。然后合上开关 S，将控制极与阳极接通，使控制极电位升高，这相当于加上正向触发信号，因此晶闸管应导通，万用表的读数应为几欧至十几欧。此时，再把开关 S 断开，若读数不变，则表明此晶闸管的触发性能良好。注意：图 3-70 中的开关可用一根导线代替，导线的一端接于阳极上，将另一端去触及控制极时相当于开关闭合。

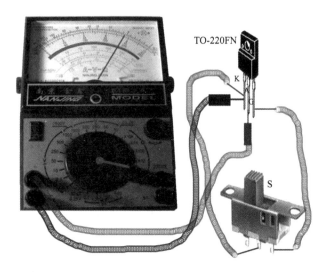

图 3-70　测量小功率单向晶闸管触发能力电路

③ 大功率晶闸管触发能力的判别。由于大功率晶闸管的导通压降较大，加之 $R \times 1$ 挡对上图电路进行检测时，晶闸管不能完全导通，同时在开关断开时晶闸管还会随之关断。因此，在检测大功率晶闸管时，应采用双表法，即把两块万用表的 $R \times 1$ 挡上面串联两节 1.5V 电池，再把表内电池电压提升到 4.5V 左右。

3. 双向晶闸管的检测

（1）双向晶闸管引出脚极性的判别　双向晶闸管的引脚一般情况下是按 T_1、T_2、G 的顺序排列的，但并不能以此进行确认依据，实际使用时应根据检测进行确定。其方法是：用万用表的 $R \times 100$ 挡分别测量双向晶闸管的任意两个引脚之间的电阻值，正常时一组为几十欧，另两组为无穷大，阻值为几十欧时表笔所接的两个引脚为 T_1 和 G，剩余的一个引脚为 T_2。然后再判别 T_1 和 G。假定 T_1 和 G 两电极中的任意一脚为 T_1，用黑表笔接 T_1，红表笔接 T_2，将 T_2 与假定的 G 极瞬间短路，如果万用表的读数由无穷大变为几十欧，说明双向晶闸管能被触发并维持导通。再调换两表笔重复上述操作，若结果相同，说明假定正确。如果调换表笔操作时，万用表瞬间指示为几十欧，随即又指示为无穷大，说明原来的假定是错误的，因为调换表笔后，双向晶闸管没有维持导通，原假定的 T_1 极实际上是 G 极，而假定的 G 极实际上是 T_1 极，如图 3-71 所示。

（2）双向晶闸管性能好坏的判断

① 使用万用表 $R \times 1$ 挡，将红表笔接 T_1，黑表笔接 T_2，此时万用表的指针不动。用导线将晶闸管 G 端与 T_2 短接一下，若万用表指针偏转，则说明此双向晶闸管的性能良好。

② 使用万用表 $R \times 1$ 挡，将红表笔接 T_2，黑表笔接 T_1，用导线将 T_2 与 G 短

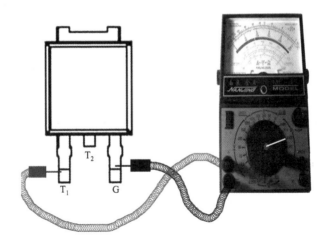

图 3-71 双向晶闸管引出脚极性的判别

接一下，若万用表指针发生偏转，则说明此双向晶闸管的双向控制性能完好，如果只有某一方向良好，则说明该双向晶闸管只具有单向控制性能，而另一方向的控制性能已失效，如图 3-72 所示。

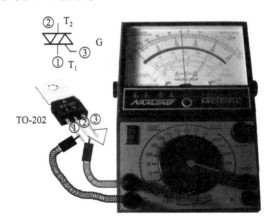

图 3-72 判别双向晶闸管的质量

场效应管的识别与检测实训

1. 场效应管型号的识别

（1）美国场效应管型号的命名方法　美国场效应管型号命名由四部分组成。第一部分用数字表示器件的类别，第二部分用字母"N"表示该器件已在 EIA（美国电子工业协会）注册登记，第三部分用数字表示该器件的注册登记号，第四部分用字母表示器件的规格号，如表 3-7 所示。

表 3-7　美国场效应晶体管型号各部分含义

第一部分:类别		第二部分:美国电子工业协会(EIA)注册标志		第三部分:美国电子工业协会(EIA)登记号	第四部分:器件规格号
数字	含义	字母	含义		
3	三个 PN 结器件	N	该器件已在美国电子工业协会(EIA)注册登记	用多位数字表示该器件在美国电子工业协会(EIA)的登记号	用字母 A、B、C……表示同一型号器件的不同档次
n	n 个 PN 结器件	N			
2	二个 PN 结器件	N			

（2）日本场效应管型号的命名方法　日本场效应管的型号命名（JIS-C-7012 工业标准）由五部分组成，各部分含义如表 3-8 所示。第一部分用数字表示器件的类型或有效电极数，第二部分用字母 S 表示该器件已在日本电子工业协会（JEIA）注册登记，第三部分用字母表示器件的类别，第四部分用数字表示登记序号，第五部分用字母表示产品的改进序号。

表 3-8　日本场效应晶体管型号的各部分含义

第一部分:器件类型及有效电极		第二部分:日本电子工业协会注册产品	第三部分:类别		第四部分:登记序号	第五部分:产品改进序号
2	二个 PN 结	S	J	P 沟道场效应管	用两位以上整数表示日本电子工业协会注册登记的顺序号	用字母 A、B、C、D…… 表示对原来型号的改进序号
		已在日本电子工业协会(JEIA)注册的半导体分立器件	K	N 沟道场效应管		
3	具有 3 个 PN 结或四个电极的场效应管		J	P 沟道场效应管		
			K	N 沟道场效应管		

（3）中国场效应管型号的命名方法　中国场效应管的型号由三部分组成，第

一部分用字母表示半导体器件的类型，CS 代表场效应管，BT 代表半导体特殊器件，FH 代表复合管，第二部分用数字表示序号，第三部分用汉语拼音字母表示规格号。形式为 CS××#，CS 代表场效应晶体管，×× 以数字代表型号的序号，# 用字母代表同一型号中的不同规格。例如 CS14A、CS45G 等。

（4）其他场效应管的型号命名方法　有些场效应管的命名方法与双极型三极管相同，第三位字母 J 代表结型场效应管，O 代表绝缘栅场效应管。第二位字母代表材料，D 是 N 沟道；C 是 P 沟道。

2. 场效应管的检测

（1）极性的判别　将万用表置于 R×1k 挡，黑、红表笔分别接在场效应管的引脚上，然后分别测量每两个引脚间的正、反向电阻。当某两个引脚间的正、反向电阻相等，均为数千欧时，说明这两个引脚为漏极 D 和源极 S（可互换），剩下的一个引脚为栅极 G。

（2）质量好坏的判别　将万用表置于 R×10 挡（或 R×100 挡），测量源极 S 与漏极 D 之间的电阻值。正常时，一般在几十欧到几千欧（不同型号的场效应管，其电阻值不相同）。若测得阻值比正常值大，则说明该场效应管内部接触不良；若测得阻值为无穷大，则该场效应管可能内部断极。然后把万用表置于 R×10k 挡，再测栅极 G1 与 G2 之间、栅极与源极、栅极与漏极之间的电阻值。正常时，各极间的电阻值均为无穷大，则说明该场效应管是正常的。如果测得上述各阻值太小或为通路，则说明该场效应晶体管损坏。

3. 结型（JFET）场效应管的检测

（1）判别电极　根据场效应管的 PN 结正、反向电阻值不一样的现象，可以判别出结型场效应管的三个电极。对于有 4 个引脚的结型场效应管，另外一极是屏蔽极（使用中接地）。

① 栅极 G 与沟道类型的判定。

方法一：将万用表置于 R×1k 挡，任选两个电极，分别测出其正、反向电阻值。当某两个电极的正、反向电阻值相等，且为几千欧时，则该两个电极分别是漏极 D 和源极 S。因为对结型场效应管而言，D 极和 S 极可互换，剩下的电极肯定是 G 极。

方法二：将万用表置于 R×100 挡，用黑表笔（或红表笔）任意接触一个电极，另一只表笔依次去接触其余的两个电极，测其电阻值。当出现两次测得的电阻值近似相等时，且为低阻值（几百欧至一千欧），则说明所测的是 JFET 的正向电阻，此时黑表笔所接触的电极为栅极 G，其余两电极分别为漏极 D 和源极 S，判定为 N 沟道场效应管；若两次测出的电阻值均很大，则说明均为 JEFT 的反向电阻，黑表笔所接的也是 G 极，但被测管不是 N 沟道类型，而是 P 沟道类型；若不出现上述情况，可以调换黑、红表笔按上述方法进行测试，直到判别出 G 极为止。

② D 极、S 极的判定。结型场效应管的三个引脚一般是呈 G、D、S 排列（商

标面向上，引脚正对自己），金属封装的结型场效应管的引脚排列则以管键为定位点，一般按逆时针 G、D、S 排列，如图 3-73 所示。实际使用时应以测试为准。由于结型场效应管的源极和漏极在结构上具有对称性，所以一般可以互换使用，通常两个电极不必再进一步区分。在需要区分 D、S 极的场合下，也可以利用万用表测量两个电极之间的电阻值进行判定。具体方法如下：将万用表置于 $R \times 10$ 挡，用红、黑表笔分别接在 D、S 极上，测量 D、S 极间的正、反向电阻值。当测得的阻值为较大值时，用黑表笔与 G 极接触一下，然后再恢复原状。在此过程中，红、黑表笔应始终与原引脚相接触，此时万用表的读数会出现两种情况：若读数由大变小，则万用表黑表笔所接的引脚为 D 极，红表笔所接的引脚为 S 极；若万用表读数没有明显变化，仍为较大值，此时就应把黑表笔与引脚保持接触，然后移动红表笔与 G 极触碰一下。此时若阻值由大变小，则黑表笔所接的引脚为 S 极，红表笔所接的引脚为 D 极。

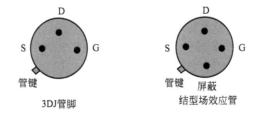

图 3-73　金属封装的结型场效应晶体管的引脚排列

（2）检测放大能力

方法一：将万用表置于 $R \times 100$ 挡，红表笔接 S 极，黑表笔接 D 极，测出漏源极间的电阻值。然后用手捏住 JFET 的 G 极，将人体的感应电压信号加到 G 极上，由此可以观察到万用表的表针有较大幅度的摆动。无论表针摆动方向如何，只要表针摆动幅度较大，就说明场效应管有较大的放大能力。如果手捏 G 极时，表针摆动较小，则说明场效应管的放大能力较差；若表针根本不摆动，则说明场效应管已经失去放大能力。要注意的是，每次测量完毕后应将 G-S 极间短路一下。这是因为 G-S 结电容上会充有少量电荷，建立起 V_{GS} 电压，造成再次进行测量时表针可能不动，只有将 G-S 极间电荷短路放掉才行，如图 3-74 所示。

方法二：以 N 沟道型为例，将万用表置于直流 10V 挡，红、黑表笔分别接 D、S 极，如图 3-75 所示（图中 R_1 为 4kΩ 电阻、R_2 为 10kΩ 电阻、RP 为 1kΩ 电位器、E_G 和 E_D 分别为 10V 直流电源）。测试时，调节电位器 PR，同时观察万用表指示电压值的变化情况。对于一只有放大能力的 JFET，当 RP 向上调时，万用表指示电压值升高；当 RP 向下调，万用表指示电压值降低。在调节 RP 过程中，万用表指示的电压值变化越大，说明场效应管的放大能力越强。如果在调节 RP 时，万用表指示变化不明显，则说明场效应管放大能力很小；若万用表指示根本无变化，则说明场效应管已经失去了放大能力。

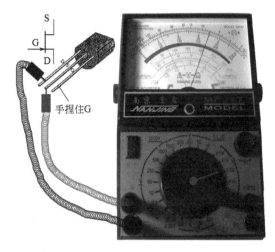

图 3-74　检测场效应管的放大能力

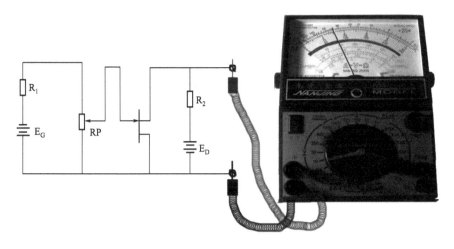

图 3-75　检测结型场效应晶体管的放大能力

（3）判别质量好坏　将万用表置于 $R \times 10$ 或 $R \times 100$ 挡，测量源极 S 与漏极 D 之间的电阻，通常在几十欧到几千欧范围（在手册中可知，各种不同型号的场效应管，其电阻值是各不相同的）。若测出的阻值大于正常值，则可能是由于内部接触不良；若测出的阻值为无穷大，则说明内部断极。然后将万用表置于 $R \times 10k$ 挡，再测栅极与栅极之间、栅极与源极、栅极与漏极之间的电阻值，当测得其各项电阻值均为无穷大，则说明场效应管是正常的；若测得上述各阻值太小或为通路，则说明场效应管是坏的。

（4）测量夹断电压 V_P　以测试 N 沟道 JFET 为例，测试方法主要有以下两种。

① 将万用表置于 $R \times 10k$ 挡，黑表笔接电解电容的正极、红表笔接其负极，

对电容充电 8～10s 后脱开表笔。再将万用表置于直流 50V 挡，迅速测出电解电容上的电压。然后将万用表拨回 $R \times 10$k 挡，黑表笔接漏极 D、红表笔接源极 S，此时指针应向右偏转。接着将已充好电的电解电容正极接源极 S，并用负极去接触栅极 G，此时指针应向左回转，当指针退回至 10～200kΩ 时，电解电容上所充的电压值即为场效应管的夹断电压 V_P。测试中，如果电容上所充的电压太高，会使场效应管完全夹断，万用表指针可能退回至无穷大。对于此类情况，可用直流电压 10V 挡将电解电容适当进行放电，直到使电解电容接至栅极 G 和源极 S 后测出的电阻值在 10～200kΩ 范围内为止，如图 3-76 所示。

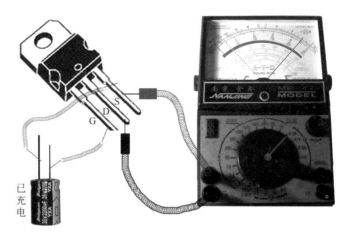

图 3-76　测量场效应管夹断电压 V_P

② 采用 P1、P2 两只万用表，量程开关均拨至 $R \times 10$k 挡。按如图 3-77 所示，将万用表 P1 的黑表笔接源极 S，红表笔通过电位器（阻值取 100kΩ）滑动头接栅极 G；万用表 P2 的黑表笔接漏极 D，红表笔接源极 S。测试时，调节电位器，同时观察 P2 指针的偏转情况。当 P2 指针向左偏转到 1 格左右时，停止调节 RP，并将 RP 取下，分别测出 R_1、R_2（电位器中间引脚到两边引脚的电阻值）的阻值，然后按下列公式计算夹断电压 V_P：

$$V_P = \frac{R_1}{R_1 + R_2} \times \frac{E_1}{2}$$

式中，E_1 为万用表表内电池的输出电压值。

4. 绝缘栅型（MOS）场效应管的检测

首先从外形和型号上确定是不是场效应管。绝缘栅型场效应管通常有四个电极，即栅极（G）、漏极（D）、源极（S）和衬底（B），通常将衬底（又称衬极）与源极（S）相连，所以，从场效应管的外形来看还是一个三端电路组件。绝缘栅型场效应管的引脚排列与结型场效应管的引脚排列类似，一般采用 G、D、S 的排列形式，对于金属封装的场效应管，其引脚的排序也是以管键为定位点，按顺时针方向依次为 D、G、S，如图 3-78 所示。

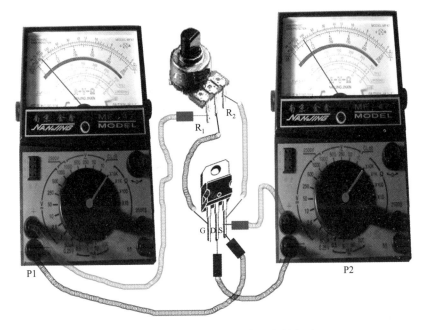

图 3-77 测量结型场效应管的夹断电压

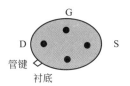

图 3-78 绝缘栅场效应管的引脚排序

以上的判断方法只是大致的经验识别法，实际使用时应通过万用表检测进行判断。具体方法是：将数字万用表置于二极管挡，首先确定栅极，若某引脚与其他引脚的电阻都是无穷大，表明此引脚就是栅极 G。交换表笔重新测量，S-D 之间的电阻值应为几百欧至几千欧，其中阻值较小的那一次，红表笔接的为 D 极，黑表笔接的是 S 极。日本生产的 3SK 系列产品，S 极与管壳接通，据此很容易确定 S 极，如图 3-79所示。

本方法也适用于测绝缘栅场效应管中的 MOS 场效应管，由于 MOS 场效应管容易被击穿，测量之前，先把人体对地短路后，才能摸触 MOS 场效应管的引脚。焊接用的电烙铁也必须良好接地，最好在手腕上接一条导线与大地连通，使人体与大地保持等电位，再把引脚分开，然后拆掉导线。MOS 场效应管每次测量完毕，G-S 结电容上会充有少量电荷，建立起电压 U_{GS}，再接着测时表针可能不动，此时将 G-S 极间短路一下。

5. VMOS 场效应管的检测

VMOS 场效应管是一种功率型场效应管，通常简称为 VMOS 管，全称为 V 形

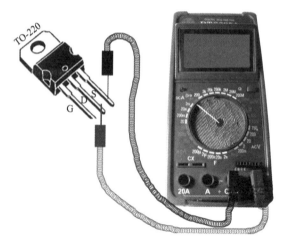

图 3-79　判别绝缘栅场效应管的引脚

槽 MOS 场效应管。VMOS 场效应管的检测方法如下。

（1）引脚极性的判别

① 栅极 G 的判定。如图 3-80 所示，将万用表置于 $R \times 1k$ 挡，然后将万用表的红、黑表笔接在场效应管的三个引脚上，然后分别测量三个引脚之间的电阻。若检测某引脚与其余两个引脚的电阻值均呈无穷大，并且交换表笔后仍为无穷大，则说明此脚为 G 极。注意：此种测法只限于 VMOS 场效管内无保护二极管。

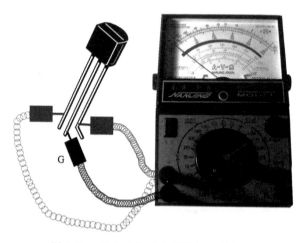

图 3-80　VMOS 场效应管栅极 G 的判定

② 源极 S、漏极 D 的判定。如图 3-81 所示，将万用表置于 $R \times 1k$ 挡，先用表笔将被测 VMOS 场效应管的三个电极短接一下，然后交换表笔法测两次电阻（正常时有一大一小的阻值），其中较大的一次测量中，黑表笔所接的为漏极 D，红表笔所接的是源极 S；而阻值较小的一次测量中，红表笔所接的为漏极 D，黑表笔所

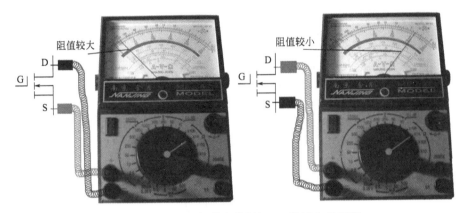

图 3-81　VMOS 场效应管源极 S、漏极 D 的判定

接的是源极 S。同时说明所测的 VMOS 场效应管为 N 沟道型管，若被测管为 P 沟道型管，则所测阻值的大小正好相反。

（2）性能好坏的检测

① 如图 3-82 所示，将万用表置于 $R \times 10k$ 挡，测量 R_{GD} 和 R_{GS}，将万用表红黑表笔接 VMOS 场效应管的任意一个引脚上，所测的电阻值均为无穷大。若所测的值为无穷大，则说明栅极 G 与另外两个电极间存在漏电现象。

图 3-82　VMSO 场效应管的 R_{GD} 和 R_{GS} 检测

② 对于采用 N 沟道的 VMOS 场效应管时可按以下方法判断其性能好坏：将被测 VMOS 场效应管的栅极 G 与源极 S 用镊子短接一下，然后将万用表置于 $R \times 1k$ 挡，红表笔接漏极 D、黑表笔接源极 S 测阻值。正常时阻值应为数千欧。

用导线短接被测 VMOS 场效应管的栅极 G 与源极 S，然后将万用表置于 $R \times 10k$ 挡，黑表笔接漏极 D、红表笔接源极 S 测阻值。正常时阻值应为接近无穷大。

若不是说明 VMOS 场效应管内部 PN 结的反向特性比较差。

【提示】VMOS 场效应管亦分 N 沟道管与 P 沟道管，但绝大多数产品属于 N 沟道管。对于 P 沟道管，测量时应交换表笔的位置。

6. 贴片场效应管的检测

贴片场效应管与插孔场效应管一般管芯相同，封装不同，故插孔场效应管的检测技巧在贴片场效应管的检测中基本适用。

（1）结型贴片场效应管的检测　结型场效应管（以 N 沟道管为例）性能好坏的检测方法如下：将万用表置于 100Ω 或 1kΩ 挡，对于 N 沟道场效应管，用黑表笔接栅极 G，红表笔分别接另外两个电极，测得的电阻如果比较小（几百欧至 1kΩ），交换表笔重测，阻值很大，说明被测管是好的；如果测得结果与上述不符，则说明被测管已被损坏，不能再使用。利用同样的方法，也可以判别 P 沟道管的性能好坏，只是测量结果与 N 沟道管的相反。

（2）绝缘栅型贴片场效应管的检测　绝缘栅型场效应管（以 N 沟道管为例）性能好坏的检测方法如下（如图 3-83 所示）：将万用表置于 100Ω 或 1kΩ 挡，先短接被测管的三个电极，然后将黑表笔接源极 S，红表笔接漏极 D，所测电阻应为数千欧。如果测得的阻值过大，说明被测管存在开路故障；如果测得阻值过小，则说明被测管存在漏电或短路故障。将万用表置于 10kΩ 挡，先短接被测管的栅极 G 和源极 S，然后用黑表笔接漏极 D，红表笔接源极 S，所测阻值应接近无穷大，否则说明被测管内部 PN 结的反向特性较差，不能再使用。

图 3-83　贴片场效应管的检测

电感器的识别与检测实训

1. 电感器型号的识别

电感器的型号由三部分组成，其型号命名方法如表 3-9 所示。

第一部分：主称（用字母表示），表示产品的名字。

第二部分：电感量（用字母与数字混合或数字来表示）。

第三部分：误差范围（用字母表示）。

表 3-9　电感器的型号命名方法

第一部分:表示电感器的主称		第二部分:表示电感器的电感量			第三部分:表示电感器的误差范围(%)	
字母	含义	数字与字母	数字	含义	字母	含义
L 或 PL	电感线圈	2R2	2.2	$2.2\mu H$	J	±5
		100	10	$10\mu H$	K	±10
		101	100	$100\mu H$		
		102	1000	$1mH$	M	±20
		103	10000	$10mH$		

2. 贴片电感量的识别

贴片电感器的电感量标注主要有以下两种方式：一是数字标注，如"101""1R5"，则分别表示电感量为 $100\mu H$、$1.5\mu H$；二是代码标注法，常用一个字母表示，具体电感量值需查厂家的代码资料，如"E"，表示电感量为 $2.7\mu H$。

3. 贴片电感器的好坏判别

首先观察贴片电感器的外观有无变形、变色、碎裂等现象，若有以上现象，可能已损坏；接着用万用表的电阻挡测其直流电阻，正常时约为 0Ω，若测得电阻值较大，说明该电感器已损坏。

4. 普通电感器的检测

电感器的电感量通常是用电感电容表或具有电感测量功能的专用万用表来测量，普通万用表无法测出电感器的电感量。普通的指针式万用表不具备专门测试电感器的挡位，只能大致检测电感器的好坏，其方法如下。

（1）指针式万用表检测

① 如图 3-84 所示，首先将指针式万用表调到欧姆挡的 $R\times1$ 挡，然后将万用表的黑红两表笔分别与电感器的两个引脚相接（测量电感器的两端的正、反向电

阻值），正常时表针应有一定的电阻值（即应接近 0Ω）指示，如果表针不动，说明该电感器内部断路；如果表针指示不稳定，说明电感器内部接触不良；如果表针阻值很大或为无穷大，则表明该电感器已开路。对于具有金属外壳的电感器，如果检测得振荡线圈的外壳（屏蔽罩）与各引脚之间的阻值不是无穷大，而是有一定电阻值或为零，则说明该电感器存在问题。

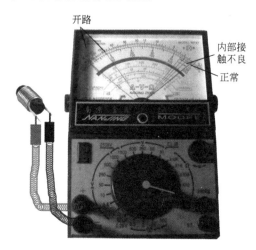

图 3-84　电感器的检测

【提示】a. 电阻值与电感器绕组的匝数成正比，绕组的匝数多，电阻值也大；匝数小，电阻值也小。一般高频电感器的直流内阻在零点几到几欧之间，低频电感器的内阻在几百欧至几千欧之间，中频电感器的内阻在几欧到几十欧之间。b. 测试时要注意，有时电感器圈数少或线径粗，直流电阻很小，即使用 $R\times1$ 挡进行测试，阻值也可能为零，这属于正常现象。

② 将万用表置于 $R\times10k$ 挡，检测电感器的绝缘情况，测量线圈引线与铁芯或金属屏蔽之间的电阻，均应为无穷大，反之，该电感器绝缘不良。

③ 查看电感器的结构，好的电感器线圈绕线应不松散、不会变形，引出端应固定牢固，磁芯既可灵活转动，又不会松动等，反之，电感器可能损坏。

（2）**数字式万用表检测**　采用具有电感挡的数字万用表来检测电感器是很方便的，将数字万用表的量程开关拨至合适的电感挡，然后将电感器的两个引脚与两只表笔相连即可从显示屏上显示出该电感器的电感量。若显示的电感量与标称电感量相近，则说明该电感器正常；若显示的电感量与标称值相差很多，则说明该电感器有问题。

【提示】在检测电感器时，数字万用表的量程选择很重要，最好选择接近标称电感量的量程去测量，反之，测试的结果将会与实际值有很大的误差。

5. 色码电感器的检测

色码电感器是具有固定电感量的电感器，其电感量标识方法同电阻器一样以色环来标识，检测时可按以下方法进行：如图 3-85 所示，首先将万用表置于 $R \times 1$ 挡，然后将万用表的黑红表笔与分别与电感器的两个引脚相接，正常时指针应向右摆动。若指针指示电阻值为零，说明其内部有短路性故障。一般色码电感器直流电阻值的大小与绕制电感器线圈所用的漆包线径、绕制圈数有直接关系，只要能测出色码电感器的电阻值，则可认为被测色码电感器是正常的。

图 3-85　色码电感器的检测

集成电路的识别与检测实训

1. 集成电路型号的识别

各国集成电路的型号命名不同，其命名方法如下。

1）国家标准（GB 3431a—1982）集成电路型号的命名方法。

国家标准（GB 3431a—1982）集成电路的型号由五部分组成，其型号命名方法如表 3-10 所示。

第一部分：中国制造（用字母 C 表示），表示该集成电路为中国制造，符合国家标准。

第二部分：器件类型（用字母表示），表示集成电路类型。

第三部分：器件系列和品种代号（用数字表示），表示集成电路系列和代号。

第四部分：工作温度范围（用字母表示），表示集成电路温度范围。

第五部分：器件封装（用字母表示），表示集成电路的封装形式。

表 3-10　国家标准（GB 3431a—1982）集成电路型号的命名方法

第一部分：表示中国制造	第二部分：表示集成电路类型		第三部分：表示集成电路系列和代号	第四部分：表示电路温度范围		第五部分：表示电路的封装形式	
	字母	含义		字母	含义	字母	含义
用字母 C 表示中国制造	T	TTL 电路	用数字表示集成电路的序号	C	0～70℃	W	陶瓷扁平
	H	HTTL 电路		E	−40～85℃	B	塑料扁平
	E	ECL 电路		R	−55～85℃	F	全密封扁平
	C	CMOS 电路		M	−55～125℃	D	陶瓷双列直插
	F	线性放大器				P	塑料双列直插
	D	音响、电视电路				J	黑瓷双列直插
	W	稳压器				K	金属菱形
	J	接口电路				T	金属圆壳
	B	非线性电路					
	M	存储器					
	U	微机电路					

2）国家标准（GB 3430—1989）集成电路型号的命名方法。

国家标准（GB 3430—1989）集成电路的型号由五部分组成，其型号命名方法如表 3-11 所示。

第一部分：中国制造（用字母 C 表示），表示该集成电路为中国制造，符合国家标准。

第二部分：器件类型（用字母表示），表示集成电路类型。

第三部分：器件系列和品种代号（用数字或数字与字母混合表示），表示集成电路的系列和品种代号。

第四部分：工作温度范围（用字母表示），表示集成电路温度范围。

第五部分：器件封装（用字母表示），表示集成电路的封装形式。

表 3-11　国家标准（GB 3430—1989）集成电路型号的命名方法

第一部分:表示中国制造	第二部分:表示集成电路类型		第三部分:表示集成电路系列和代号	第四部分:表示电路温度范围		第五部分:表示电路的封装形式	
	字母	含义		字母	含义	字母	含义
用字母 C 表示中国制造	T	TTL 电路	用数字或数字与字母混合表示集成电路的序号,其中 TTL 分为: 54/74×××、 54/74H×××、 54/74L×××、 54/74S×××、 54/74LS×××、 54/74AS×××、 54/74ALS×××、 54/F×××; CMOS 分为:4000 系列、 54/74HC×××、 54/74HCT×××	C	0～70℃	F	多层陶瓷扁平
	H	HTTL 电路		G	−25～70℃	B	塑料扁平
	E	ECL 电路		L	−25～85℃	H	黑瓷扁平
	C	CMOS 电路		E	−40～85℃	D	多层陶瓷双列直插
	M	存储器		R	−55～85℃	J	黑瓷双列直插
	U	微型机电路		M	−55～125℃	P	塑料双列直插
	F	线性放大器				S	塑料单列直插
	W	稳压器				T	金属圆壳
	D	音响、电视电路				K	金属菱形
	B	非线性电路				C	陶瓷芯片载体
	J	接口电路				E	塑料芯片载体
	AD	A/D 转换器				G	网格针栅阵列
	DA	D/A 转换器				本手册中采用了:	
	SC	通信专用电路				SOIC:小引线封装(泛指)	
	SS	敏感电路				PCC:塑料芯片载体封装	
	SW	钟表电路				LCC:陶瓷芯片载体封装	
	SJ	机电仪电路				W:陶瓷扁平	
	SF	复印机电路					

3）国外集成电路型号的命名方法。

国外集成电路型号尚无统一标准，各制造厂商都有自己的一套命名方法。下面举出一部分国内市场上常见的集成电路型号命名方法。

（1）美国先进微器件公司（AMD）集成电路型号的命名方法　美国先进微器件公司（AMD）集成电路的型号由五部分组成，其型号命名方法如表 3-12 所示。

表 3-12　美国先进微器件公司（AMD）集成电路型号的命名方法

第一部分：表示 AMD 首标	第二部分：表示集成电路类型		第三部分：表示集成电路的封装形式		第四部分：表示集成电路分档和温度范围		第五部分：表示集成电路的类别
	字母或数字	含义	字母	含义	字母	含义	
用字母 AM 表示美国先进微器件公司制造	L	低功耗	C、D	铜焊双列直插（多层陶瓷）	C	商用温度 0～70℃ 或 0～75℃	标有字母 B 的为已老化的产品，注意：没有标志的为标准加工产品
	S	肖特基	P、R	塑料双列直插			
	LS	低功耗肖特基	F	扁平封装（陶瓷扁平）	M	军用温度 −55～125℃	
	21	MOS 存储器	X	管芯	H	商用 0～110℃	
	25、54、74	中规范（MSI）	A	塑料球栅阵列	I	工业用 −40～85℃	
			B	塑料芯片载体	N	工业用 −25～85℃	
	26	计算机接口	J	塑料芯片载体（PLCC）	K	特殊军用 −30～125℃	
	27	双极存储器或 EPROM	L	陶瓷芯片载体（LCC）	L	限制军用 −55～85℃ 且 ＜125℃	
			V、M	薄的四面引线扁平			
	28	MOS 存储器	E	薄的小引线封装			
	29	双极微处理器	G	陶瓷针栅阵列			
	60、61、66	模拟，双极	Z、Y、U、K、H	塑料四面引线扁平			
	79	电信	S	塑料小引线封装			
	80	MOS 微处理器	W	芯片			
	81、82	MOS 和双极外围电路	也用别的厂家的符号				
	90	MOS	P	塑料双列			
	91	MOSRAM	NS、N	塑料双列			
	92	MOS	JS、J	密封双列			
	93	双极逻辑存储器	W	扁平			
	94	MOS	R	陶瓷芯片载体			
	95	MOS 外围电路	A	陶瓷针栅阵列			
	1004、104	ECL 存储器	NG	塑料四面引线扁平			
	98	EEPROM	Q、QS	陶瓷双列			
	99	CMOS 存储器	PAL	可编程逻辑阵列			

第一部分：AMD首标（用字母AM表示），表示该集成电路为美国先进微器件公司制造。

第二部分：器件编号（用字母或数字表示），表示集成电路类型。

第三部分：器件封装（用字母表示），表示集成电路的封装形式。

第四部分：分档和工作温度范围（用字母表示），表示集成电路分档和温度范围。

第五部分：分类（用字母表示），表示集成电路的类别。

（2）美国模拟器件公司（ANA）集成电路型号的命名方法 美国模拟器件公司（ANA）集成电路的型号由六部分组成，其型号命名方法如表3-13所示。

表3-13 美国模拟器件公司（ANA）集成电路型号的命名方法

第一部分：表示ANA首标		第二部分：表示集成电路类型	第三部分：表示集成电路的类别		第四部分：表示集成电路的温度范围		第五部分：表示集成电路封装形式		第六部分：表示集成电路工艺级别
字母	含义		字母	含义	字母	含义	字母	含义	
AD	模拟器件	用数字表示集成电路类型	A	第二代产品	I、J、K、L、M	0～70℃	E	芯片载体	
HA	混合A/D		DI	介质隔离产品			F	陶瓷扁平	
HD	混合D/A		Z	工作在+12V的产品	A、B、C	−25～85℃	G	PGA封装（针栅阵列）	
					S、T、U	−55～125℃			
			E	ECL			H	金属圆壳气密封装	/883B表示MIL-STD-883B级
							M	金属壳双列密封计算机部件	
							N	塑料双列直插	
							Q	陶瓷浸渍双列（黑陶瓷）	
							D	陶瓷或金属气密双列封装（多层陶瓷）	
							CHIPS	单片的芯片	

第一部分：ANA首标（用字母表示），表示该集成电路为美国模拟器件公司制造。

第二部分：器件编号（用数字表示），表示集成电路类型。

第三部分：附加说明（用字母表示），表示集成电路的类别。

第四部分：工作温度范围（用字母表示），表示集成电路温度范围。

第五部分：器件封装（用字母表示），表示集成电路封装形式。

第六部分：筛选水平（用数字加字母表示），表示集成电路工艺级别。

（3）美国仙童公司（FSC）集成电路型号的命名方法　美国仙童公司（FSC）集成电路的型号由四部分组成，其型号命名方法如表 3-14 所示。

表 3-14　美国仙童公司（FSC）集成电路型号的命名方法

第一部分：表示FSC首标		第二部分：表示集成电路类型	第三部分：表示集成电路封装形式		第四部分：表示集成电路的分档和温度范围	
字母	含义		字母	含义	字母	含义
μA	线性电路		D	密封陶瓷双列封装（多层陶瓷双列）	M	军用温度 −55～125℃
F	仙童（快捷）电路		S	混合电路金属封装（陶瓷双列，F6800 系列）	L	MOS 电路 −55～85℃；混合电路 −20～85℃
SH	混合电路	用数字表示集成电路类型	E	塑料圆壳	V	工业用温度 −20～85℃、−40～85℃
			F	密封扁平封装（陶瓷扁平）		
			H	金属圆壳封装	C	商用温度 0～70/75℃；（CMOS：−40～85℃）
			J	铜焊双列封装（TO-66）		
			K	金属功率封装（TO-3）（金属菱形）		
			P	塑料双列直插封装		
			R	密封陶瓷 8 线双列封装		
			T	塑料 8 线双列直插封装		
			U	塑料功率封装（TO-220）		
			U1	塑料功率封装		
			W	塑封（TO-92）		
			SP	细长的塑料双列		
			SD	细长的陶瓷双列		
			L	陶瓷芯片载体		
			Q	塑料芯片载体		
			S	小引线封装（SOIC）		

注：该公司与 NSC 合作，专门生产数字集成电路。除原有的 54/74TTL、HTTL、STTL、LSTTL、ASTTL、ALSTTL、FAST 等外，还有 CMOS 的 FACT，内含 54/74AC、ACT、ACQ、ACTQ、FCT 等系列。

第一部分：FSC 首标（用字母表示），表示该集成电路为美国仙童公司制造。

第二部分：器件编号（用数字表示），表示集成电路类型。

第三部分：器件封装（用字母表示），表示集成电路封装形式。

第四部分：分档和工作温度范围（用字母表示），表示集成电路分档和温度范围。

（4）美国英特尔公司（INL）集成电路型号的命名方法　美国英特尔公司（INL）集成电路的型号由六部分组成，其型号命名方法如表 3-15 所示。

表 3-15　美国英特尔公司（INL）集成电路型号的命名方法

第一部分:表示集成电路系列		第二部分:表示集成电路序号	第三部分:表示集成电路特性	第四部分:表示集成电路温度范围		第五部分:表示集成电路封装形式		第六部分:表示集成电路外引线数	
字母	含义			字母	含义	字母	含义	字母	含义
D	混合驱动器			除 D、DG、G 外		A	TO-237	A	8
G	混合多路 FET			M	−55~125℃	B	塑料扁平封装	B	10
ICL	线性电路			I	−20~85℃	C	TO-220	C	12
ICM	钟表电路			C	0~70℃	D	陶瓷双列	D	14
IH	混合/模拟门			D、DG、G 的温度范围:		E	小型 TO-8	E	26
IM	存储器			A	−55~125℃	F	陶瓷扁平封装	F	22
AD	模拟器件			B	−20~85℃	H	TO-66	G	24
DG	模拟开关	用数字表示集成电路序号	用字母表示集成电路特性	C	0~70℃	I	16 线（跨距为 0.6″×0.7″）密封混合双列	H	42
								I	28
DGM	单片模拟开关					J	陶瓷浸渍双列（黑瓷）	J	32
ICH	混合电路					K	TO-3	K	35
LH	混合 IC					L	无引线陶瓷载体	L	40
LM	线性 IC					P	塑料双列	M	48
MM	高压开关					S	TO-52	N	18
NE	SIC 产品					T	TO-5（TO-78、TO-99、TO-100）	P	20
SE	SIC 产品							Q	2
						U	TO-72（TO-18、TO-71）	R	3
						V	TO-39	S	4
						Z	TO-92	T	6
						/W	大圆片	U	7
						/D	芯片	V、Y	8
								W、Z	10

注：1. 第二部分：存储器件命名方法：首位数 6 表示 CMOS 工艺、7 表示 MOS 工艺；第二位数 1 表示处理单元、3 表示 ROM、4 表示接口单元、5 表示 RAM、6 表示 PROM；第三位和第四位数表示芯片型号。

2. 第六部分：V 表示 8（引线径 0.2in）；W 表示 10（引线径 0.23in）；Y 表示 8（引线径 0.2in，4 端与壳接）；Z 表示 10（引线径 0.23in，5 端与壳接）。

第一部分：器件系列（用字母表示），表示集成电路系列。

第二部分：器件编号（用数字表示），表示集成电路序号。

第三部分：器件特性（用字母表示）。

第四部分：工作温度范围（用字母表示），表示集成电路温度范围。

第五部分：器件封装（用字母表示），表示集成电路封装形式。

第六部分：外引线数（用字母表示），表示集成电路外引线数。

（5）美国摩托罗拉公司（MOTA）集成电路型号的命名方法　美国摩托罗拉公司（MOTA）集成电路的型号由三部分组成，其型号命名方法如表 3-16 所示。

表 3-16　美国摩托罗拉公司（MOTA）集成电路型号的命名方法

第一部分：表示 MOTA 首标		第二部分：表示集成电路 分档和温度范围		第三部分：表示集成 电路封装形式	
字母	含义	数字	含义	字母或字母加数字	含义
MC	有封装的 IC	1500～1599	−55～125℃军用线性电路	L	陶瓷双列直插(14 或 16 线)
MCC	IC 芯片			U	陶瓷封装
MFC	低价塑封功能电路	1400～1399	0～70℃线性电路	G	金属壳 TO-5 型
MCBC	梁式引线的 IC 芯片	3400～3499	0～70℃线性电路	R	金属功率型封装 TO-66 型
MCB	扁平封装的梁式引线 IC	1300～1399	消费工业线性电路	K	金属功率型 TO-3 封装
MCCF	倒装的线性电路	3300～3399	消费工业线性电路	F	陶瓷扁平封装
MLM	与 NSC 线性电路引线一致的电路			T	塑封 TO-220 型
				P	塑封双列
MCH	密封的混合电路			P1	8 线塑封双列直插
MHP	塑封的混合电路			P2	14 线塑封双列直插
MCM	集成存储器			PQ	参差引线塑封双列(仅消费类器件)封装
MMS	存储器系统			SOIC	小引线双列封装
					与封装标志一起的尚有
				C	表示温度或性能的符号
				A	表示改进型的符号

第一部分：MOTA 首标（用字母表示），表示该集成电路由美国摩托罗拉公司（MOTA）制造。

第二部分：器件编号（用数字表示），表示集成电路分档和温度范围。

第三部分：器件封装（用字母或字母加数字表示），表示集成电路封装形式。

（6）美国微功耗系统公司（MPS）集成电路型号的命名方法 美国微功耗系统公司（MPS）集成电路的型号由四部分组成，其型号命名方法如表3-17所示。

表3-17 美国微功耗系统公司（MPS）集成电路型号的命名方法

第一部分：表示MPS首标	第二部分：表示器件编号	第三部分：表示集成电路分档		第四部分：表示集成电路封装形式			
		字母	含义	字母	含义	字母	含义
用字母表示MPS首标	用文字和数字表示器件编号	J、K、L	商用/工业用温度	D	陶瓷及陶瓷浸渍双列	R	SOIC(8线)
				N	塑封双列及TO-92	S	SOIC
		S、T、U	军用温度	Y	14线陶瓷双列	L	LCC
				Z	8线陶瓷双列	G	PGA
				K、H、M	TO-100型封装	Q	QFP
				T	TO-52封装	CHIP	芯片或小片
				P	8线塑封双列及PLCC	J	TO-99封装

第一部分：MPS首标（用字母表示），表示该集成电路由美国微功耗系统公司（MPS）制造。

第二部分：器件编号（用文字和数字表示）。

第三部分：分档（用字母表示）。

第四部分：器件封装（用字母表示），表示集成电路封装形式。

（7）美国电子公司（NECE）/日本电气公司（NECJ）集成电路型号的命名方法 美国电子公司（NECE）/日本电气公司（NECJ）集成电路的型号由四部分组成，其型号命名方法如表3-18所示。

表3-18 美国电子公司（NECE）/日本电气公司（NECJ）集成电路型号的命名方法

第一部分：表示NEC首标	第二部分：表示集成电路类型		第三部分：表示集成电路编号	第四部分：表示集成电路封装形式			
	字母	含义		字母	含义	字母	含义
用字母表示	A	混合组件	用数字表示	A	金属壳类似TO-5型封装	J	塑封类似TO-92型
	B	双极数字电路		B	陶瓷扁平封装	M	芯片载体
	C	双极模拟电路		C	塑封双列	V	立式的双列直插封装
	D	单极型数字电路（MOS）		D	陶瓷双列	L	塑料芯片载体
				G	塑封扁平	K	陶瓷芯片载体
				H	塑封单列直插	E	陶瓷背的双列直插

第一部分：NEC首标（用字母表示），表示该集成电路由美国电子公司

（NECE）/日本电气公司（NECJ）制造。

第二部分：器件系列（用字母表示），表示集成电路类型。

第三部分：器件编号（用数字表示）。

第四部分：器件封装（用字母表示），表示集成电路封装形式。

（8）美国国家半导体公司（NSC）集成电路型号的命名方法　美国国家半导体公司（NSC）集成电路的型号由三部分组成，其型号命名方法如表 3-19 所示。

表 3-19　美国国家半导体公司（NSC）集成电路型号的命名方法

第一部分:表示集成电路类型				第二部分:表示集成电路分档和温度范围	第三部分:表示集成电路封装形式			
字母	含义	字母	含义		字母	含义	字母	含义
AD	模拟对数字	LM	线性单片	用三、四或五位数字符号加字母表示,其中,A表示改进规范的,C表示商业的温度范围;线性电路的 1—表示−55～125℃,2—表示−25～85℃,3—表示0～70℃	D	玻璃/金属双列直插	E	陶瓷芯片载体
AH	模拟混合	LP	线性低功耗		H	TO-5（TO-99、TO-100、TO-46）	M	小引线封装
AM	模拟单片	LMC	CMOS 线性		J	低温玻璃双列直插（黑陶瓷）	KC	TO-3(铝的)
CD	CMOS 数字	LX	传感器		P	TO-202（D-40,耐热的）	N	塑封双列直插
DA	数字对模拟	MM	MOS 单片		S	SGS 型功率双列直插	T	TO-220 型
DM	数字单片	TBA	线性单片		W	低温玻璃扁平封装（黑瓷扁平）	Z	TO-92 型
LF	线性 FET	NMC	MOS 存储器		F	玻璃/金属扁平	Q	塑料芯片载体
LH	线性混合				K	TO-3(钢的)	L	陶瓷芯片载体

第一部分：器件系列（用字母表示），表示集成电路类型。

第二部分：器件编号（用数字加字母表示），表示集成电路分档和温度范围。

第三部分：器件封装（用字母表示），表示集成电路封装形式。

（9）美国精密单片公司（PMI）集成电路型号的命名方法　美国精密单片公司（PMI）集成电路的型号由四部分组成，其型号命名方法如表 3-20 所示。

第一部分：器件系列（用字母表示），表示集成电路类型。

第二部分：器件编号（用数字表示）。

第三部分：电特性（用字母表示），表示集成电路等级。

第四部分：器件封装（用字母表示），表示集成电路封装形式。

（10）美国吉劳格公司（ZIL）集成电路型号的命名方法　美国吉劳格公司（ZIL）集成电路的型号由五部分组成，其型号命名方法如表 3-21所示。

第一部分：ZIL 首标（用字母表示），表示该集成电路由美国吉劳格公司（ZIL）制造。

表 3-20 美国精密单片公司（PMI）集成电路型号的命名方法

第一部分:表示集成电路类型		第二部分:表示集成电路编号	第三部分:表示集成电路电特性等级	第四部分:表示集成电路封装形式	
字母	含义			字母	含义
ADC	A/D 转换器			H	6 线圆壳 TO-78
DAC	D/A 转换器			J	8 线圆壳 TO-99
BUF	缓冲器(电压跟随器)			K	10 线圆壳 TO-100
CMP	电压比较器			P	环氧树脂双列直插
PM	仿制的工业规范产品			Q	16 线陶瓷双列
OP	精密运算放大器			R	20 线陶瓷双列
SSS	优良的仿制提高规范产品			RC	20 线陶瓷双列
GAP	通用模拟信息处理器			X	18 线陶瓷双列
JAN	M38510 产品			Y	14 线陶瓷双列
SMP	采样/保持放大器	用数字表示	用字母表示	Z	8 线陶瓷双列
MLT	乘法器			W	40 线陶瓷双列
MUX	多路转换器			L	10 线密封扁平
AMP	测量放大器			M	14 线密封扁平
PKD	峰值检波器			N	24 线密封扁平
DMX	信号分离器			TC	28 线芯片载体
REF	电压基准			V	24 线陶瓷双列
RPT	PCM 线转发器			T	28 线陶瓷双列
FLT	滤波器				
MAT	对管				
SW	模拟开关				

表 3-21 美国吉劳格公司（ZIL）集成电路型号的命名方法

第一部分:表示 ZIL 首标	第二部分:表示集成电路编号	第三部分:表示集成电路速度		第四部分:表示集成电路封装形式		第五部分:表示集成电路温度范围	
		字母	含义	字母	含义	字母	含义
用字母 Z 表示	用数字表示	A	4.0MHz	C	陶瓷	E	−40～85℃
		B	6.0MHz	D	陶瓷浸渍	M	−55～125℃
		H	8.0MHz	P	塑料	S	0～70℃
		L	低功耗的	Q	陶瓷四列		
		空白表示 2.5MHz		R	陶瓷背的		

第二部分：器件编号（用数字表示）。

第三部分：器件速度（用字母表示），表示集成电路速度。

第四部分：器件封装（用字母表示），表示集成电路封装形式。

第五部分：工作温度范围（用字母表示），表示集成电路温度范围。

（11）美国无线电公司（GE-RCA）集成电路型号的命名方法　美国无线电公司（GE-RCA）集成电路的型号由三部分组成，其型号命名方法如表 3-22 所示。

表 3-22　美国无线电公司（GE-RCA）集成电路型号的命名方法

第一部分:表示集成电路类型		第二部分:表示集成电路编号和类别		第三部分:表示集成电路封装形式			
字母	含义	字母	含义	字母	含义	字母	含义
CA	线性电路	A	改型，代替原型	D	陶瓷双列（多层陶瓷）	M	TO-220 封装（有散热板）
CD	CMOS 数字电路	B	改型,代替 A 或原型	EM	变形的塑料双列（有散热板）	P	有散热板的塑料双列封装
COM	CMOSLSI	C	改型	E	塑料双列	Q	四列塑料封装
COP	CMOSLSI	UB	不带缓冲	F	陶瓷双列,烧结密封	QM	变形的四列封装
CMM	CMOSLSI			H	芯片	S	TO-5 封装（双列型）
MWS	CMOSLSI			J	三层陶瓷芯片载体	T	TO-5 封装（标准型）
LM	线性电路			K	陶瓷扁平封装	V1	TO-5 封装（射线性引线）
PA	门阵			L	单层陶瓷芯片载体	W	参差四列塑料封装

第一部分：器件类型（用字母表示），表示集成电路类型。

第二部分：器件编号（用数字加字母表示），表示集成电路编号和类别。

第三部分：器件封装（用字母表示），表示集成电路封装形式。

（12）美国硅通用公司（SGL）集成电路型号的命名方法　美国硅通用公司（SGL）集成电路的型号由四部分组成，其型号命名方法如表 3-23 所示。

第一部分：SGL 首标（用字母表示），表示该集成电路由美国硅通用公司（SGL）制造。

第二部分：器件编号（用数字表示）。

第三部分：附加说明（用字母表示）。

第四部分：器件封装（用字母表示），表示集成电路封装形式。

（13）美国西格尼蒂克公司（SIC）集成电路型号的命名方法　美国西格尼蒂克公司（SIC）集成电路的型号由四部分组成，其型号命名方法如表 3-24 所示。

表 3-23　美国硅通用公司（SGL）集成电路型号的命名方法

第一部分：表示 SGL 首标	第二部分：表示集成电路编号	第三部分：附加说明		第四部分：表示集成电路封装形式			
		字母	含义	字母	含义	字母	含义
用字母 SG 表示	用数字表示集成电路编号	A	改进性能	F	扁平封装	J	陶瓷双列(14、16、18 线)
		C	缩小温度范围	P	TO-220 封装	R	TO-66(2 线、9 线金属壳)
				K	菱形 TO-3	T	TO-5/39/96/99/100/101 型
				L	芯片载体	W	16 线带散热片的陶瓷双列
				M	8 线小型塑料双列	S	大于 15W 的功率封装
				Y	8 线陶瓷双列	N	塑料双列(14、16 线)

表 3-24　美国西格尼蒂克公司（SIC）集成电路型号的命名方法

第一部分：表示集成电路温度范围		第二部分：表示集成电路编号	第三部分：表示集成电路封装形式				第四部分：表示集成电路外引线数			
字母或数字	含义		字母	含义	字母	含义	字母	含义	字母	含义
75、N、NE	0～70℃、0～75℃	用数字表示集成电路编号	CK	芯片	N	塑料双列	B	3	M	22
			D	微型（SO）塑料	P	有接地端的微型封装	C	4	N	24
55、S、SE	−55～125℃		E	金属壳（TO-46、TO-72）4 线封装	Q	多层陶瓷扁平	E	8	Q	28
					R	氧化铍多层陶瓷扁平	F	10	W	40
SA	−40～85℃		F	陶瓷浸渍扁平	S	功率单列塑封	H	14	X	44
SU	−25～85℃		G	芯片载体	W	陶瓷扁平	J	16	Y	48
			H	金属壳（TO-5)8、10 线封装	I	多层陶瓷双列	K	18	Z	50
					K	TO-3 型	L	20		

第一部分：SIC 首标（用字母或数字表示），表示集成电路温度范围。

第二部分：器件编号（用数字表示）。

第三部分：器件封装（用字母表示），表示集成电路封装形式。

第四部分：外引线数（用字母表示），表示集成电路外引线数。

（14）日本东芝公司（TOSJ）集成电路型号的命名方法　日本东芝公司（TOSJ）集成电路的型号由三部分组成，其型号命名方法如表 3-25所示。

第一部分：TOSJ 首标（用字母表示），表示集成电路类型。

第二部分：器件编号（用数字表示）。

第三部分：器件封装（用字母表示），表示集成电路封装形式。

（15）日本松下电气公司（MATJ）集成电路型号的命名方法　日本松下电气

公司（MATJ）集成电路的型号由两部分组成，其型号命名方法如下。

表 3-25　日本东芝公司（TOSJ）集成电路型号的命名方法

第一部分:表示集成电路类型		第二部分:表示集成电路编号	第三部分:表示集成电路封装形式			
字母	含义		字母	含义	字母	含义
TA	双极线性电路	用数字表示集成电路编号	P	塑封	T	塑料芯片载体(PLCC)
TC	CMOS 电路		M	金属封装	J	SOJ
TD	双极数字电路		C	陶瓷封装	D	CERDIP(陶瓷浸渍)
TM	MOS 存储器及微处理器电路		F	扁平封装	Z	ZIP

　　第一部分：首标（用字母表示），表示集成电路系列。其中，AN 表示模拟集成电路；DN 表示双极数字集成电路；MJ 表示开发型集成电路；MN 表示 MOS 集成电路。

　　第二部分：器件编号（用数字加字母表示）。

　　（16）日本日立公司（HITJ）集成电路型号的命名方法　日本日立公司（HITJ）集成电路的型号由三部分组成，其型号命名方法如表 3-26所示。

表 3-26　日本日立公司（HITJ）集成电路型号的命名方法

第一部分:表示集成电路类型		第二部分:表示集成电路系列/器件编号	第三部分:表示集成电路封装形式			
字母	含义		字母	含义	字母	含义
HA	模拟电路	用数字表示	C	陶瓷双列直插封装	SO(SOP)	小引线封装
HD	数字电路(含 RAM)		G	陶瓷浸渍双列	CG	陶瓷芯片载体(8 位单片机电路)
HM	RAM		P	塑封双列	Y(PG)	PGA(16 位单片机电路)
HN	ROM		CP	塑料芯片载体	Z	陶瓷芯片载体(16 位单片机电路)
HG	ASIC		S	收缩型塑料双列	F(FP)	扁平塑料封装

　　第一部分：首标（用字母表示），表示集成电路类型。

　　第二部分：系列/器件编号（用数字表示）。

　　第三部分：器件封装（用字母表示），表示集成电路封装形式。

　　（17）集成器件技术公司（IDT）集成电路型号的命名方法　集成器件技术公司（IDT）集成电路的型号由七部分组成，其型号命名方法如表 3-27 所示。

　　第一部分：IDT 首标（用字母表示），表示该集成电路由集成器件技术公司（IDT）制造。

表 3-27　集成器件技术公司（IDT）集成电路型号的命名方法

第一部分：表示IDT首标	第二部分：表示集成电路类型		第三部分：表示集成电路编号	第四部分：表示集成电路功耗	第五部分：表示集成电路速度	第六部分：表示集成电路封装形式		第七部分：表示集成电路温度范围和工艺级别
	数字	含义				字母	含义	
用字母表示	29	MSI 逻辑电路	用数字表示	用字母 L 或 LA 表示低功耗；S 或 SA 表示标准功耗	用数字表示	P	塑料双列	未标：0～70℃；字母 B 表示 883B 级，温度 −55～125℃
	39	有限位的微处理器和 MSI 逻辑电路				TP	塑料薄的双列	
						TC	薄的双列（边沿铜焊）	
	49	有限位的微处理器和 MSI 逻辑电路				TD	薄的陶瓷双列	
						D	陶瓷双列	
	54、74	MSI 逻辑电路				C	陶瓷铜焊双列	
						XC	陶瓷铜焊缩小的双列	
	61	静态 RAM				G	针栅阵列（PGA）	
	71	静态 RAM（专卖的）				SO	塑料小引线 IC	
	72	数字信号处理电路				J	塑料芯片载体	
	79	RISC 部件				L	陶瓷芯片载体	
	7M/8M	子系统模块（密封的）				XL	精细树脂芯片载体	
						ML	适中的树脂芯片载体	
	7MP/8MP	子系统模块（塑封）				E	陶瓷封装	
						F	扁平封装	
						U	管芯	

第二部分：系列（用数字表示），表示集成电路类型。

第三部分：器件编号（用数字表示），表示集成电路编号。

第四部分：功耗（用字母表示），表示集成电路功耗。

第五部分：速度（用数字表示）。

第六部分：器件封装（用字母表示），表示集成电路封装形式。

第七部分：工作温度范围（用字母表示），表示集成电路温度范围和工艺级别。

（18）荷兰飞利浦公司（PHIN）集成电路型号的命名方法　荷兰飞利浦公司（PHIN）集成电路的型号由五部分组成，其型号命名方法如表 3-28 所示。

第一部分：系列（用字母表示），表示集成电路类型。

第二部分：温度范围（用字母表示），表示集成电路温度范围。

表 3-28　荷兰飞利浦公司（PHIN）集成电路型号的命名方法

第一部分:表示集成电路系列		第二部分:表示集成电路温度范围		第三部分:表示集成电路编号	第四部分:表示集成电路类别和封装		第五部分:表示集成电路封装材料及形式	
字母	含义	字母	含义		字母	含义	字母	含义
S	数字电路	A	没规定范围		C	圆壳	C	圆壳封装
T	模拟电路	B	0~70℃		D	陶瓷双列	D	双列直插
U	模拟/数字混合电路	C	−55~125℃		F	扁平封装	E	功率双列（带散热片）
MA	微计算机和CPU	D	−25~70℃		P	塑料双列	F	扁平（两边引线）
MB	位片式处理器	E	−25~85℃		Q	四列封装	G	扁平（四边引线）
MD	存储器有关电路	F	−40~85℃		U	芯片	K	菱形(TO-3系列)
ME	其他有关电路（接口,时钟,外围控制,传感器等）	G	−55~85℃	用数字表示			M	多列引线（双、三、四列除外）
							Q	四列直插
							R	功率四列（外散热片）
							S	单列直插
							T	三列直插
							C	金属-陶瓷
							G	玻璃-陶瓷（陶瓷浸渍）
							M	金属
							P	塑料

第三部分：器件编号（用数字表示）。

第四部分：类别和器件封装（用字母表示），表示集成电路类别和封装。

第五部分：封装（用字母表示），表示集成电路封装材料及形式。

2．集成电路的检测方法

（1）不在路检测　不在路检测就是在集成电路未接电路之前，将万用表置于电阻挡（如 $R\times1k$ 或 $R\times100$ 挡），红、黑表笔分别接集成电路的接地脚，然后用另一表笔检测集成电路各引脚对应于接地引脚之间的正、反向电阻值（如图 3-86所示），并将检测到数据与正常值对照，若所测值与正常值相差不多则说明被测集成电路是好的，反之说明集成电路的性能不良或损坏。

（2）在路检测　在路检测就是用万用表直接测量集成电路在印制电路板上各个引脚的直流电阻、对地交直流电压是否正常来判断该集成电路是否损坏。常用的几种测量方法如下。

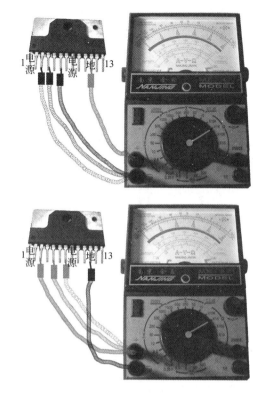

图 3-86 不在路检测集成电路

① 直流电阻检测法。采用万用表在路检测集成电路的直流电阻时应注意以下三点：第一点是测量前必须断开电源，以免测试时造成万用表和组件损坏；第二点是使用的万用表电阻挡的内部电压不得大于 6V，选用 $R×100$ 或 $R×1k$ 挡；第三点当测得某一引脚的直流电阻不正常时，应注意考虑外部因素，如被测机与集成电路相关的电位器滑动臂的位置是否正常，相关的外围组件是否损坏等。

② 交流工作电压检测方法。采用带有 dB 插孔的万用表，将万用表置于交流电压挡，正表笔插入 dB 插孔；若使用无 dB 插孔的万用表，可在正表笔中接一只电容（0.5μF 左右），对集成电路的交流工作电压进行检测。但由于不同的集成电路其频率和波形均不同，所以测得数据为近似值，只能作为掌握集成电路交流信号变化情况的参考。

（3）代换法　代换法是用已知完好（有的还要写入数据）的同型号、同规格集成电路来代换被测集成电路，可以判断出该集成电路是否损坏。

3. 运算放大器的检测

用万用表对运算放大器的电阻值和电压进行检测从而可以判断出其性能是否正常。具体检测方法如下。

（1）电阻值检测 如图 3-87 所示，图中以 LM324 运算放大器为例，使用万用表检测其电阻值的方法和所测正常值。具体检测方法是：将万用表置于 $R \times 1k$ 挡分别检测运算放大器各引脚的电阻值，若测得各对应引脚之间的电阻值与正常值相差不大，则说明该运算放大器性能正常。

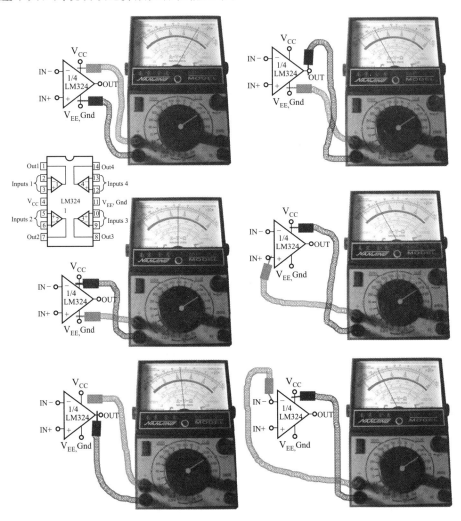

图 3-87 检测运算放大器电阻值方法图

（2）电压检测 照样以 LM324 运算放大器为例介绍使用万用表对其电压进行检测的方法。如图 3-88 所示：将万用表置于直流电压挡（如 DC50V），测量输出端（①脚）与负电源端（⑪脚）之间的电压值约为 22V。然后用手持金属镊子依次点触运算放大器的两个输入端（即加入干扰信号），并观察表针的摆动情况。若指针有较大摆动，则说明该运算放大器性能正常；若指针根本不动，则说明该运算放大器已损坏。

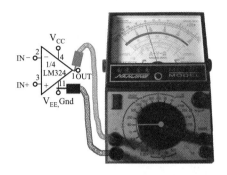

图 3-88　检测运算放大器电压方法图

4. 三端稳压器的检测

三端稳压器的检测方法如下。

（1）用万用表直接检测　将万用表置于 $R \times 100$ 挡，分别检测三端集成稳压器的输入端与输出端的正、反向电阻值。正常时，阻值相差在数千欧以上；若阻值相差不大或近似于零，则表明被测的三端集成稳压器已损坏。

（2）用万用表配合绝缘电阻表检测　以 AN7805 三端稳压器为例，将被测的三端稳压器 7805 输入端接在绝缘电阻表 E 端正极，7805 输出端接在万用表直流电压挡＋10V 上。绝缘电阻表 L 端分别与 7805 外壳、万用表的负极相接，进行检测。检测正常时电压为＋5V，低于＋5V时为失效，高于＋5V 时为击穿，无电压输出时为三端 7805 开路损坏。

5. 微处理器集成电路的检测

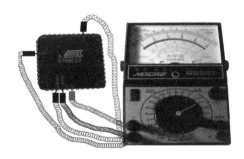

图 3-89　微处理器关键点电阻检测

微处理器集成电路的关键测试点主要是电源（V$_{CC}$/V$_{DD}$）端、RESET 复位端、X$_{IN}$ 晶振信号输入端、X$_{OUT}$ 晶振信号输出端及其他线路输入、输出端。可在路进行检测，其方法是：将万用表置于电阻挡（如图 3-89 所示）或电压挡（如图 3-90 所示），红、黑表笔分别接集成电路的接地脚，然后用另一只表笔检测上述关键点的对地电阻值和电压值，然后与正常值对照，即可判断该集成电路是否正常。

图 3-90　微处理器关键点电压检测

【提示】微处理集成电路的复位电压有低电平复位和高电平复位两种形。低电平复位：即在开机瞬间为低电平，复位后维持高电平；高电平复位：即在开机瞬间为高电平，复位后维持低电平。

6. 单片机的检测

单片机的关键测试脚主要是电源、时钟、复位及其输入与输出端。检测时将万用表置于 $R \times 1k$ 挡，红表笔接地，黑表笔分别接各引脚测其对地电阻值（如图 3-91 所示），然后将所测的值与正常值对照，即可判断该集成电路是否正常。如表 3-29 所示为 AT89C2051 单片机正常对地电阻值。

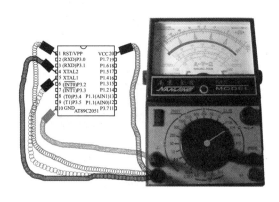

图 3-91　单片机检测

表 3-29 AT89C2051 单片机正常对地电阻值

脚号	1	2	3	4	5	6	7	8	9	10
电阻值/kΩ	300	20	20	20	20	300	100	20	20	—
脚号	11	12	13	14	15	16	17	18	19	20
电阻值/kΩ	20	40	40	20	160	160	20	20	20	40

7. 开关电源厚膜块的检测

开关电源厚膜块的检测方法如下。

(1) 不在路检测 不在路检测就是在集成电路未接电路之前，将万用表置于 $R \times 1k$ 挡（或 $R \times 100$ 挡），然后检测集成电路各引脚对应于接地引脚之间的正、反向电阻值，若所测得的值与正常值相差不大，则说明集成电路是好的，反之说明被测集成电路的性能不良或损坏。

(2) 在路检测 在路检测就是用万用表直接测量集成电路在印制电路板上各引脚的直流电阻、对地交直流电压是否正常来判断该集成电路是否损坏。常用的几种测量方法如下。

① 直流电阻检测法。用万用表在路检测集成电路的直流电阻时应注意以下三点：第一点是测量前必须断开电源，以免测试时造成万用表和组件损坏；第二点使用的万用表电阻挡的内部电压不得大于 6V，选用 $R \times 100$ 或 $R \times 1k$ 挡；第三点当测得某一引脚的直流电阻不正常时，应注意考虑外部因素，如被测机与集成电路相关的电位器滑动臂位置是否正常，相关的外围组件是否损坏等。

② 直流工作电压检测法。直流工作电压检测法是在通电的情况下，用万用表直流电压挡检测集成电路各引脚对地直流电压值，来判断集成电路是否正常的一种方法。检测时应注意以下三点。

第一点，测量时，应把各电位器旋到中间位置，如果是彩电，信号源要采用标准彩条信号发生器。

第二点，对于多种工作方式的装置和动态接收装置，在不同工作方式下，集成电路各引脚电压是不同的，应加以区别。如彩电中的集成电路各引脚的电压会随信号的有无和大小发生变化，如果当有信号或无信号都无变/变化异常，则说明该集成电路损坏。

第三点，当测得某一引脚电压值出现异常时，应进一步检测外围组件，一般是外围组件发生漏电、短路、开路或变值。另外，还需检查与外围电路连接的可变电位器的滑动臂所处的位置，若所处的位置偏离，也会使集成电路的相关引脚电压发生变化。在检查以上各项均无异常时，则可判断集成电路已损坏。

【提示】判断开关电源厚膜块质量的好坏，可采取一看、二检、三测的方法。一看：看厚膜块封装是否标准、型号标注的图案、字迹是否清晰，产地、商标及出厂编号是否齐全，生产日期是否较短，是否正规商店经营等，以保证其基本质量。二检：检查厚膜块的引脚是否有腐蚀插拔的痕迹，正常厚膜块的引脚应光滑亮泽，无缺陷且烤漆完好无损。三测：测量电源厚膜块的所有引脚电压是否在额定值以内，如正常再进行下步检查；测量集成电路引脚上当前的输入信号是否符合原理电路图中的信号要求；测量相对应引脚的输出信号是否符号要求；测量与之相连接的外围电路是否存在开路或短路现象。

8. 555 时基集成电路的检测

555 时基集成电路内部的主要器件有两个比较器、一个双稳态触发器、一个由三只电阻构成的触发器和一个功率输出级。它将数字电路和模拟电路巧妙地结合在一起。

（1）静态功耗的测试 静态功耗就是电路无负载的时的功率，测试时可用将万用表置于 50V 挡测出 V_{CC} 值（厂家测试条件 $V_{CC} = 15V$），再将万用表置于电流 10mA 挡串入电源与 555 的 8 脚之间，指针所指示的值为静态电流，用静态电流乘以电源电压即为静态功耗。如图 3-92 所示为 555 时基电路静态功耗测试示意图。

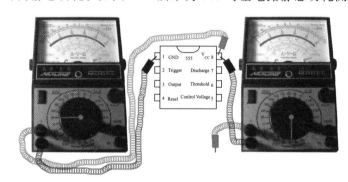

图 3-92 555 时基集成电路静态功耗测试示意图

（2）输出电平的测试 将万用表置于直流电压 50V 挡，表笔接 555 的输出端。断开开关 S 时，555 的 3 脚输出高电平，万用表所测得的值应大于 14V；接通开关时，3 脚输出电压则为 0V。如图 3-93 所示为 555 时基集成电路输出电平测试示意图。

（3）输出电流的测试 将万用表置于电流 500mA 挡，再用一只电阻为 100kΩ 的电阻器将 555 的 2 脚与 1 脚碰一下，此时万用表指针所指示的值为输出电流值；然后又用这只 100kΩ 的电阻器将 555 的 6 脚与 8 脚碰一下，此时万用表指针指示为 0mA，则表示 555 时基集成电路可靠截止。如图 3-94 所示为 555 时基集成电路输出电流测试示意图。

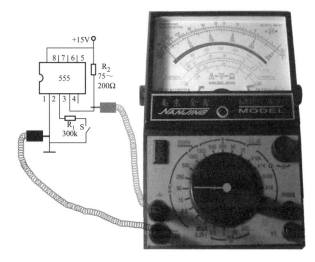

图 3-93　555 时基集成电路输出电平测试示意图

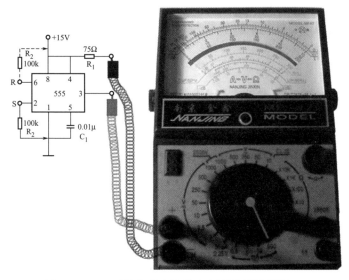

图 3-94　555 时基集成电路输出电流测试示意图

（4）555 时基集成好坏的测试　用万用表很难直接测出 555 时基集成的好坏。可采用 6V 直流电源、电源开关和一个 8 脚集成电路插座，配置阻容组件和发光二极管组成一个检测电路对其进行检测。测试时，将 555 时基集成电路插入集成电路插座，按下电源开关，若发光二极管闪烁发光，则说明该 555 时基集成电路正常；若发光二极管不发光或一直亮，则说明该 555 时基集成电路有故障。

9. 音频功放集成电路的检测

音频功放集成电路的关键测试点主要是电源端（正电源端和负电源端）、音频输入端、音频输出端和反馈端。检测时，可用万用表测量上述各点的对地电压值和电阻值，并将所测得的结果与正常值对照，若相差很大，则可能是集成电路不良或外围组件有故障。此时应先查外围组件，若外围组件正常，则可判断集成电路已损坏。

10. 数字集成电路的检测

对数集成电路进行检测，就是检测其输入引脚与输出引脚之间逻辑关系是否存在（数字集成电路输出与输入之间的关系并不是放大关系，而是一种逻辑关系）。由于数字集成电路的种类太多，完成的逻辑功能又多种多样，故不能逐项测量其指标高低，只有采用比较简便易行的方法才能快速地判定数字集成电路的好坏，其方法是：用万用表测量集成电路各引出脚与接地引脚之间的正、反向电阻值，然后与正常值进行比较便能判定被测集成电路的性能。

下面以"与非"门电路为例具体介绍数字集成电路的检测。

（1）电源与接地脚的检测　电源与接地脚的检测方法：将万用表置于 $R \times 1$ 挡，然后用黑、红表笔分别接在数字集成电路各个引脚上，然后检测它们之间的正、反向电阻值。一般情况下电源与接地脚电阻值有明显的差别（如图 3-95 所示，红表笔接电源脚、黑表笔接接地脚测出的电阻为几千欧，红表笔接接地脚、黑表笔接电源脚测出的电阻为几十千欧甚至更大），根据这一特点，即能检测出其电源引脚和接地引脚。

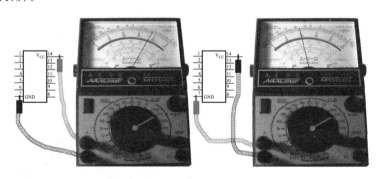

图 3-95　数字集成电路的电源与接地脚检测

（2）输入与输出脚的检测

① 根据门电路输入短路电流值不大于 $2.2\mathrm{mA}$，输出低电平电压不大于 $0.35\mathrm{V}$ 的特点，即可方便地检测出它的输入引脚和输出引脚。其具体检测方法如下：

a. 电流的检测。将待检测门电路电源引脚接 $+5\mathrm{V}$ 电压，接地引脚按要求接地，然后将万用表置于 $5\mathrm{mA}$ 挡，然后用黑、红表笔依次测量各引脚与接地脚之间的短路电流，若某引脚测出的值低于 $2.2\mathrm{mA}$，则说明该引脚为其输入引脚，反之便是输出引脚，如图 3-96 所示。

b. 电压的检测。当"与非"门的输入端悬空时，相当于输入高电平，此时其输出端应为低电平，根据这一点可进一步核实一下它的输出引脚。具体方法是，将万用表置于直流 10V 挡，测量输出引脚的电压值，此值应低于 0.4V，如图 3-97 所示。

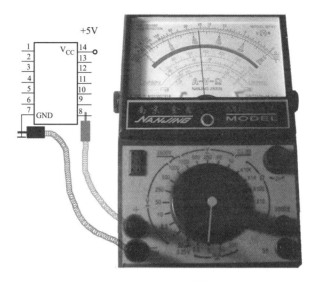

图 3-96 电流的检测

图 3-97 电压的检测

② 电阻的检测。将用万用表置于 $R \times 1k$ 挡，黑表笔接地，红表笔接在引脚上，然后依次测量各引脚对地的电阻值，其中阻值稍大的引脚为与非门的输入端，而阻值稍小的引脚则为其输出端。此方法适用于 CMOS 与非门电路，同时也适用于或非门、与门、反相器等数字电路。

③ 同一组"与非"门输入、输出引脚的检测。将"与非"门的电源引脚接 5V

电压，然后将万用表置于直流 10V 挡，黑表笔接地、红表笔接门电路任一个输出引脚。用一根导线，依次将其输入引脚与地短路，并注意观察输出电压的变化。所有能使输出引脚的电压由低电平变为高电平的输入引脚，便是同一个"与非"门的输入引脚。然后将红表笔移到另一输出引脚上，重复以上操作，即可找出与该输出端相对应的所有输入引脚，它们便组成了另一个"与非"门。有几个输出引脚，就说明该集成电路由几个"与非"门组成。

第四讲

元器件故障检修实训

电阻器故障检测实训

（一）故障现象：TCLL32M9 液晶电视，无光栅无图像无声音

元器件检测：重点检查数字板 12V 支路。首先检测 5V、12V 和 24V 输出电压是否正常，然后检查电源板是否正常。再依次断开 12V 和 24V 负载，用万用表检测 12V 和 24V 电压是否恢复正常；若 12V 电压恢复正常，则检查数字板的 12V 支路。

检测参考：实际维修中因数字板 12V 支路中电阻 R1050 和 R1051 不良引起 12V 电压失常造成此故障，更换 R1050、R1051 即可。

（二）故障现象：TCLL40E5200BE（MS48IA 机芯）液晶电视，刚开机一切正常，但几分钟后黑屏但有伴音

元器件检测：重点检查背光板。首先检测 24V 电压是否正常，然后检测 BRI-ADJ 电压、DIM 脚电压是否正常，再检查检查 C830、R838、R837 等元件是否有问题。

检测参考：实际维修中因电阻 R838 变值引起 DIM 脚电压仅为 0.85V，BRI-ADJ 有 3.4V 电压，更换 R838 即可。R838 相关电路如图 4-1 所示。

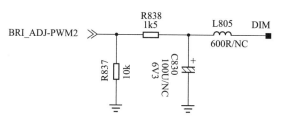

图 4-1　R838 相关电路图

（三）故障现象：TCLL46P21FBD（MS28 机芯）液晶电视，图像花屏

元器件检测：重点检查主板与 LVDS 线。检修时可将主板拆卸装到机架上试机；若故障依旧，则说明故障在主板上，此时检测 LVDS 输出对地阻值是否正常；若 LVDS 的正向阻值为 160～200Ω，则检查排阻 RP505～RP510 是否有问题。

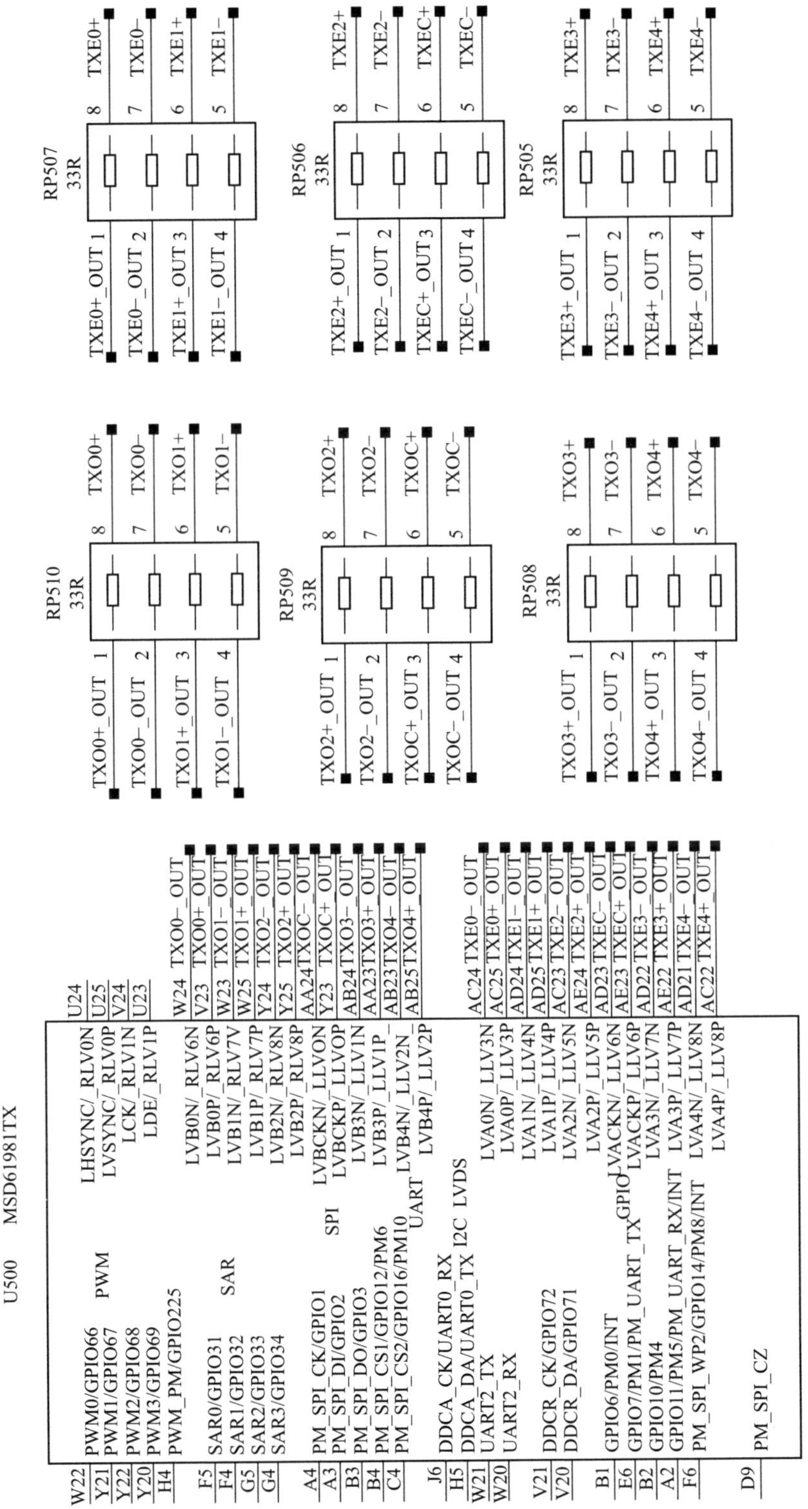

图 4-2 排阻 RP506 相关电路图

检测参考：实际维修中因排阻 RP506 变值造成此故障，更换电阻 RP506 即可。当显示部分、屏、LVDS 线、主板输出有问题均会导致图像花屏。排阻 RP506 相关电路如图 4-2 所示。

（四）故障现象：创维 8M20 机芯液晶电视，AV2 无伴音

元器件检测：重点检查伴音相关电路。首先检测干扰 AV2 进入 U28 的输入脚是否有干扰声及 AV 插孔是否有问题，然后开机检测 U28 的供电和转换电压是否正常，再检查 U28 外围电阻 R376、R375、R213、R214 是否正常。

检测参考：实际检修中因电阻 R376、R375 不良所致，更换 R376、R375 即可。R376、R375 相关电路截图如图 4-3 所示。

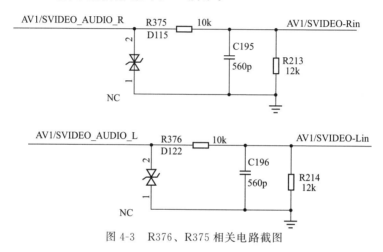

图 4-3　R376、R375 相关电路截图

（五）故障现象：格力 GC-2046 型电磁炉，显示故障代码"E2"

元器件检测：重点检查锅具检测电路。首先检查集成电路 1（MC80F0204B/0204D）③脚电压是否正常，再检查 R730、C731、RT2 是否损坏，最后检查 R103、C103 是否损坏。

检测参考：实际维修中多因 RT2 变值而引起此故障，更换 RT2 即可。锅具温度检测电路截图如图 4-4 所示。

（六）故障现象：海尔 CH2105 型电磁炉，开机后显示故障代码"E0"

元器件检测：重点检查 IGBT 与风扇驱动电路。首先检查 IGBT 驱动电路、上电保护电路、PWM 电路、启动保护电路（D601、R602、C402、D402、Q601、R505）是否故障；若正常，则检查同步反馈电路和风扇驱动电路（R401、R402、R404、R406、Q402）是否故障。

检测参考：实际检修中因风扇驱动电路 R404 开路较为常见。风扇驱动电路截图如图 4-5 所示。

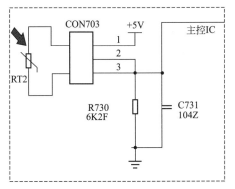

图 4-4　锅具温度检测电路截图

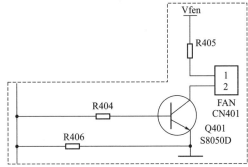

图 4-5　风扇驱动电路截图

（七）故障现象：厦华 LC42HK55 型液晶电视，开机三无，指示灯亮，主电源无输出

元器件检测：重点检查开关电源。首先检测副开关电源 SV 待机电压输出，然后检测主开关电源的 18V、24V 输出电压是否正常，再检查 N512 及外围元器件是否正常。

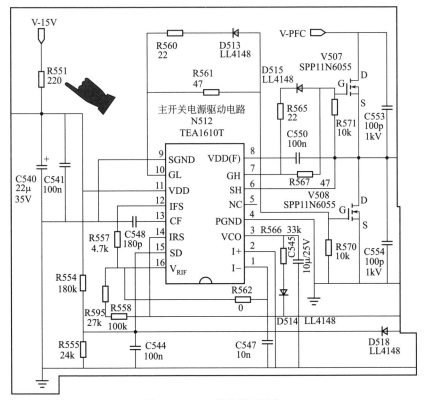

图 4-6　N512 及外围元器件

　　检测参考：实际维修中因开关电源电路中 N512 外围限流电阻 R551 损坏所致。测 N512⑪脚无 VCC 电压、主开关电源无 18V 与 24V 电压。N512 及外围元器件如图 4-6 所示。

电容器故障检测实训

（一）故障现象：TCLMS68机芯液晶电视亮灯，但不开机

　　元器件检测：首先检测电源板是否有12V、24V输出电压，然后主芯片U201（MST6M68FQ）是否发出背光点亮信号与屏供电控制信号，再检测U201是否有1.8V供电，最后检查U805输入脚是否有3.6V电源及电容C865是否有问题。

　　检测参考：在维修中因C865开焊使Q807、Q806截止，造成U805无输入电压无法产生1.8V，但可直接取消Q806，短路L804处理。主芯片U201供电路部分截图如图4-7所示。

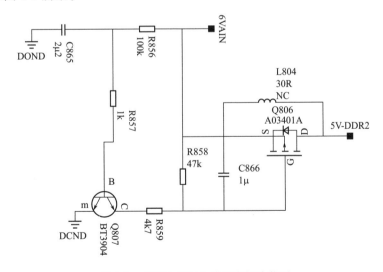

图4-7　主芯片U201供电路部分截图

（二）故障现象：爱玛电动车（通用型）充电器不充电，且内部有放电声

　　元器件检测：该故障应拆开充电器检查310V滤波电容C2是否正常。

　　检测参考：实际多因C2滤波电容鼓包较多见。该充电器型号为SP120-48B，相关资料如图4-8所示。用电烙铁焊下鼓包的电容C2，找相同耐压和相同的容量

的电解电容按原来的正负极焊上，即可排除故障。

鼓包的电容

图 4-8 电容 C2 相关资料

（三）故障现象：创维 42L32HF 液晶电视，屡烧 24V 输出电容（35V1000μF）

元器件检测：重点检查 24V 输出电路。首先检查 24V 输出电路的电压是否正常，然后检查 24V 输出电路中的 5 只 35V1000μF 电容是否正常，再检查背光板上的电容是否有问题。

检测参考：实际维修中背光板上三个 35V470μF 电容都已经鼓包，24V 输出电路中最后 1 只 35V1000μF 电容损坏而引起此故障。测电压只有 23V，说明没有超压，估计应该是交流成分过多造成；24V 输出电路中的前 4 只与最后一只之间加了一个电感，说明交流成分在后面，后面只有主板和背光板，目测主板没有问题，则查看背光板。

（四）故障现象：方太抽油烟机，按一下按键电动机转一下即停止转动

元器件检测：重点检查电动机和电容。首先检查电动机是否有问题，再检查 5V 电压是否稳定，最后检查电容是否有问题。

检测参考：实际维修中因 25V4700 微法电容失效使 5V 电压不稳定。判断抽油烟机电容是否损坏，可用手拨动电动机，如果电动机顺着拨动的方向旋转，一般是电容损坏了（一般抽油烟机的电容是 4μF 或 5μF）。

（五）故障现象：海尔小神童 XQB45-A 型全自动洗衣机波轮起动缓慢

元器件检测：重点检查电气电路部分。首先用万用表测量交流电源电压是否

正常，若测得电压为 250V 左右，则应分别检查水位开关、电动机、电路开关、电容器等是否存在故障。

检测参考：该例属电容器的容量变小，造成洗涤电动机启动转矩变小，从而起动缓慢，转速下降。可以用万用表测量，首先断路电容两电极，然后用万用表测电阻 1000 倍率挡，两只表笔分别碰电容两电极，应有一个摆针过程，后回到原位，两只表笔对换，再测一次，这一次针的摆幅应比前次大约大 1 倍，慢慢回到零位，一般就是好的。否则，就有问题了。

（六）故障现象：九阳 JYC-21ES17 型电磁炉，加热过程中发出"啪"声后死机，不能加热，指示灯与显示屏熄灭

元器件检测：重点检查高压供电路。首先检查熔丝管 FUSE1、整流桥 DB1、滤波电容 C3 是否正常，再检查谐振电容 C4、门控管 IGBT、R300、R301、Q1、Q2 是否正常。

检测参考：实际维修中多因 C3 短路，电流急剧升高，从而击穿 DB1 并烧坏 FUSE1 而引起此故障。更换 C3、DB1、FUSE1 即可。由于滤波电容工作于高电压、大电流下，更换滤波电容时应选用耐压为 400V 的 MKP-X2 无极性金属化聚丙烯电容。如图 4-9 所示为相关电路截图。

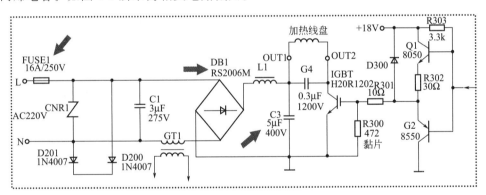

图 4-9 相关电路截图

（七）故障现象：美的 C21-SH2040 型电磁炉，加热过程中发出"叭"声后，不能加热，指示灯及显示屏熄灭

元器件检测：重点检查高压供电路。首先检查熔丝管 FUSE1 是否正常，然后检查整流桥 BD1、门控管 IGBT 是否击穿，再检查抗干扰电容 C1、滤波电容 C4、谐振电容 C5 是否正常。

检测参考：实际维修中多因 C5 失容导致谐振电路频率过高，IGBT 管过压击穿，BD1、FUSE1 损坏而引起此故障，更换损坏元件即可。如图 4-10 所示为高压供电路相关截图。

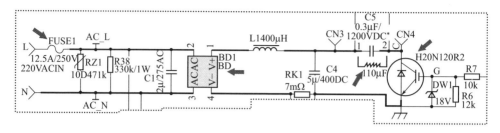

图 4-10　高压供电路相关截图

（八）故障现象：美的 KFR-32GWA/BP 变频空调，制冷效果差，频率升不上

元器件检测：重点检查内、外板传感器电路阻容元器件。首先检测各温度传感器的阻值是否正常，再将机器置于定频加氟状态检查压力、电流是否正常，最后检查内板或外板传感器电路阻容元器件是否存在变质现象。

检测参考：实际维修中因外板上电解电容 E5（10μF）漏电严重，使 CPU 误认为环境温度偏低而限频保护。该机在室温 30℃ 开机制冷，设定 16℃，15min 后电流仍只维持到 3.2A，频率无法升上。

（九）故障现象：荣事达 XPB30-121S 型洗衣机不能脱水

元器件检测：重点检查启动电容。首先检查电动机启动电容是否损坏，然后检测电动机副绕组是否开路，最后检测电动机副绕组阻值是否正常。

检测参考：实际维修中因电动机启动电容损坏造成此例故障较常见。若出现屡烧启动电容，但测电动机主副绕组的阻值正常，一般可判定是所换的电容为劣质电容；同时还要注意电容用大了，电动机运行电流增大，会造成电动机发热严重。

（十）故障现象：史密斯 HPW-60A 型热泵热水器不工作

元器件检测：重点检查压缩机电容器。首先检测压缩机电容是否损坏，然后检查压缩机接线端是否接触不良，最后检查压缩机保护器是否损坏。

检测参考：实际维修中因压缩机电容器损坏造成此故障。压缩机电容相关接线图如图 4-11 所示。

（十一）故障现象：苏泊尔 CYSB40YD2-90 型电压力锅通电后所有功能指示灯同时间歇闪亮，蜂鸣器间歇鸣叫，整机不能工作

元器件检测：重点检查电源板。检测电容 C2 两端的电压是否正常，U2（7805）输出与输出端的电压是否正常，5V 负载是否有问题，U2（7805）电源块本身是否良好，检查降压电容 C1 和整流管 D1～D4 以及滤波电容等元器件是否有

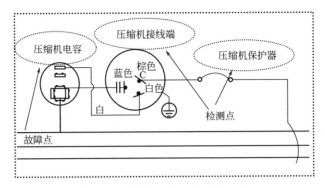

图 4-11　压缩机电容相关接线图

问题。

检测参考：实际维修中因电容 C1（1μF/250V），该电容串接于市电，降压限流后再经桥式整流滤波为电压力锅电路提供所器工作电源）失效使电压力锅各路工作达不到要求或正常值从而导致此故障。选用一只 1μF/400V 优质无极性电容进行代换，故障即可排除。

（十二）故障现象：万家乐 WQP-900 型洗碗机进水后不能洗涤

元器件检测：重点检查电动机、启动电容器。检查水位开关是否损坏；清洗电动机是否良好；启动电容器是否损坏；电动机线头是否松脱。

检测参考：实际维修中因启动电容容量极小，不能为电动机提供启动力矩，从而导致此故障。换上同规格电容后故障即可排除。

（十三）故障现象：一台 1.5 匹分体式空调器，开机后不制冷，室内、外风扇都转，但压缩机不工作

元器件检测：重点检查压缩机及启动电容。首先打开室外机检测 220V 是否已经到接线柱，然后关掉电源后测量压缩机绕组阻值是否正常，最后检查启动电容是否有问题。

检测参考：实际维修中因启动电容开路所致，更换启动电容即可。测压缩机的启动电容已经没有充、放电现象。

二极管故障检测实训

（一）故障现象：长城 FS38-40 型落地扇通电后整机不工作，所有指示灯也不亮

元器件检测：重点检查电源电路。检查电源插座与插头是否正常，检测电容 C2 两端电压是否 5V，检查 VD2（1N4007）、R1（330kΩ）、VD2（1N4007）、C2（1000μF/16V）是否有问题，测微处理器 IC（RTS501）的 15 引脚电压是否正常。

检测参考：实际维修中因整流二极管 VD2 开路造成 C2 两端电压无 5V 电压从而导致此故障，更换 VD2 后故障即可排除。

（二）故障现象：长虹 LT42710FHD 液晶电视，有图像但屏上有很多颜色的竖条

元器件检测：重点检查逻辑板上。首先检测逻辑板 VGL 负关断电压是否正常（正常电压 AU 屏 VGL 为 −6.5V），再检查逻辑板偏压发生电路 U101（TPS65161）11 引脚（负电荷泵驱动）、13 引脚（负电荷泵反馈）及其外围元器件是否有问题。

检测参考：实际维修中因 U101 外围双整流二极管 D103 不良引起 VGL 负关断电压为 0V。U101 外围反馈电阻、滤波电容相应位置处印制电路板存在漏电也会出现此故障，此时应清洗相应位置印制电路板。

（三）故障现象：创维 8R10 机芯液晶电视，背光闪

元器件检测：重点检查 PFC 电路。首先检测 12V、24V 电压及 PFC 电路工作是否正常，然后检测 IC602（F9222L）7 引脚 19V 供电压是否正常，再检查 IC610、IC609、ZD602、C637、IC608、R678、Q615 等元器件是否有问题。

检测参考：实际维修中因稳压二极管 ZD602 不良所致，更换 ZD602 即可。测 12V、24V 电压比正常值偏低，PFC 电压仅为 300V 左右，IC602 的 7 引脚电压偏低，5V 电压偏低。ZD602 稳压二极管起保护作用，当输出电压高于 6V 以上时，ZD602 导通，通过 R678、Q615 加到光耦的正极，IC608 的 4 引脚被拉低，从而实现保护。

（四）故障现象：创维 8TG3 机芯液晶彩电 TV 模式、AV 模式、及 S-DIVE 均无信号

元器件检测：首先检测 U3（S2300）供电压是否正常，再检测二极管 D20（DL4001）两端的电压是否正常；若有一端电压异常，则拆下二极管 D20 并检查是否有不良现象。

检测参考：实际检修中因二极管 D20 损坏引起 U3 无 1.8V 供电压，更换 D20 即可。若无同型号 DL4001 代换时，可采用 BA158 替代。D20 及其部分外围元器件截图如图 4-12 所示。

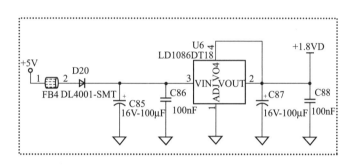

图 4-12　D20 及其部分外围元器件截图

（五）故障现象：富士宝 IH-P190B 电磁炉通电后整机无反应，熔丝管完好

元器件检测：重点检查电源电路。在路测量三端稳压器 VL1 的 3 引脚是否有 5V 电压输出，若有检查微处理器电路，若没有检查电源电路；检查电源电路 C12 两端的电压是否正常，检查 VL1、C13 是否有问题，测变压器 T1 输出的交流电压是否正常，检查整流管 D4～D7 是否良好、C12 是否异常。

检测参考：实际维修中因 D4～D7 性能不良从而导致此故障，更换 D4～D7 即可。电源相关部分截图如图 4-13 所示。

（六）故障现象：格兰仕 WD800（D8017TL-2H）型微波炉，通电后一切正常，但不能加热食物

元器件检测：重点检查高压二极管及高压电容。首先检查磁控管是否正常，若磁控管正常，则检查高压电容引线两端是否有充放电指示；若高压电容引线两端有充放电指示，则检查高压二极管是否正常；若高压二极管正常，则检查正向变压器的初级和次级线圈是否正常。

检测参考：实际检修中因高压二极管击穿较为常见，更换高压二极管即可。

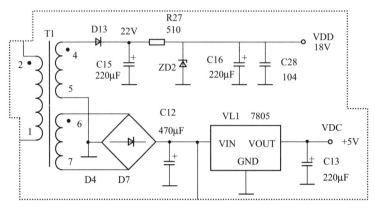

图 4-13 电源相关部分截图

（七）故障现象：格力 QG20B 型暖风机遥控器失去遥控功能

元器件检测：重点检查红外发送与接收电路。检查红外发射管是否损坏、红外接收管是否损坏，遥控器内电池是否无电或接触不良所致，红外接收头组件 IC1 与编码集成电路 IC21（SC5104）等是否有问题。

检测参考：实际维修中因红外发射管 VD21 损坏从而导致此故障，更换 VD21 故障即可排除。遥控器电路如图 4-14 所示，当按动遥控器上的某一按键时，IC21 将该指令编码后通过红外管 VD21 发射出去。

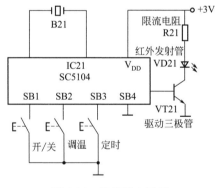

图 4-14 遥控器电路图

（八）故障现象：九阳 JYL-40YL1 型电压力锅通电后不能加热，无继电器吸合声

元器件检测：重点检查加热相关电路。检查电源电路是否有问题，测加热继电器驱动管 Q2（8050）c 极的＋12V 供电压是否正常，检查驱动管 Q2 与二极管 D5 是否有问题，继电器是否有问题。

检测参考：实际维修中因 D5（1N4148）击穿从而导致此故障。该二极管的目的是吸收 Q2 截止时继电器线圈中产生的感应电动势，从而避免 Q2 过电压损坏；分析该机继电器驱动负载功率大，而 1N4148 参数偏小，于是换上 1N4007 型二极管后试机，故障排除。二极管 D5 相关电路截图如图 4-15 所示。

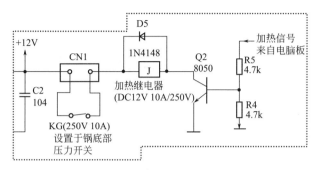

图 4-15 二极管 D5 相关电路截图

（九）故障现象：美的 MXV-ZLP80F 型消毒柜通电后整机无任何反应

元器件检测：重点检查电源电路。用万用表交流 250V 挡测 220V 交流电压是否正常，检查 FU 熔断器是否熔断，断开交流电源后检查整流、滤波电路中的 VD1 及滤波电容器 C1、C2 等元器件是否有问题。

检测参考：实际维修中因整流二极管 VD1 已击穿短路（正反向电阻值均近于 0Ω）从而导致此故障，更换一只同规格的 1N4007 整流二极管即可。

（十）故障现象：欧派电动车充电器（通用型）熔丝管熔断

元器件检测：此类故障应重点检查充电器整流电路和半桥式开关电路。具体主要检查整流二极管 VD1～VD4 是否正常、开关管 VT1、VT2 是否正常。

检测参考：实际中多因 VD1～VD4 其中之一击穿损坏较多见。更换损坏的整流二极管，即可排除故障。

课堂四

三极管故障检测实训

（一）故障现象：TCLMS58 机芯液晶电视，无台

元器件检测：重点检查高频头与总线控制接口电路。首先开机检测高频头 Z100 的 9 引脚 BT 电压是否正常（正常值为 33V），然后检测高频头 Z100 的 4 引脚 TUNER-SCL 和 5 引脚 TUNER-SDA 是否正常，再检查总线控制接口电路中 Q106、Q107 等元器件是否有问题。

检测参考：实际检修中因总线控制接口电路中 Q106、Q107 不良时，检测高频头 4 引脚为 4.8V 抖动，而 5 引脚为 5V 不动，更换 Q106、Q107 即可。Q106、Q107 相关电路截图如图 4-16 所示。

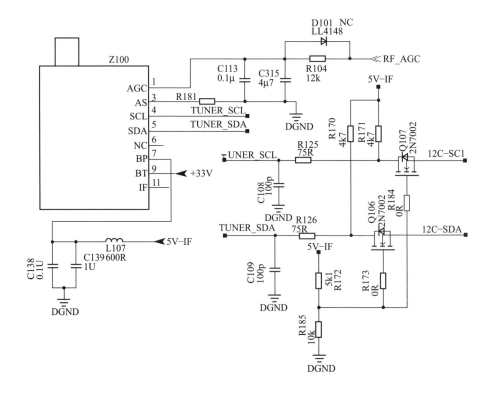

图 4-16　Q106、Q107 相关电路截图

（二）故障现象：奔腾 C21-PG14 型电磁炉通电后风扇不转

元器件检测：重点检查风扇及其驱动电路。检查风扇是否被异物、油污卡住，风扇电动机本身是否有问题，测 18V 供电输出电压是否正常，检查风扇驱动电路中的元器件是否有问题。

检测参考：实际维修中因风扇驱动电路中 Q5（S8050）的 b、c 极开路从而导致此故障，更换 Q5 后故障即可排除。奔腾 C21-PG14 型电磁炉相关部分实物如图 4-17 所示。

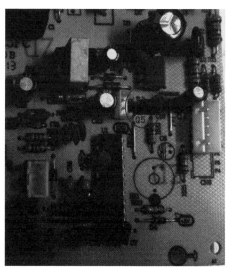
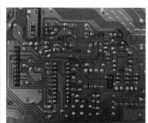

①处通过电感线圈L3直接
在开关电源处18V得到供电
②处为Q5(S8050)

图 4-17　奔腾 C21-PG14 型电磁炉相关部分实物

（三）故障现象：创维 42L01HF（8M19 机芯）液晶电视，电源灯亮不开机

元器件检测：重点检查待机控制电路。首先检测待机控制脚电压是否正常，若待机控制脚为高电平，则检测 Q300 电压输出是否正常；若 Q300 无 17V 电压输出，则检查待机控制管 Q303（C2655）。

检测参考：实际检修中多因 Q303（2SC2655）待机控制管不良较为多见。2SC2655 技术参数如图 4-18 所示。

（四）故障现象：海尔 HRC-FD301 型电饭煲通电后无任何反应

元器件检测：重点检查电源电路。检查市电输入侧的超高温熔断丝 F 是否正常，检查整流电路是否有问题（可拔下发热盘的白色 HEAT 及蓝色 COM 接插件后通电，测接插件 COM1 的 +12V 脚对 GND 电压为 DC14V，说明整流滤波电路正常），检查 VD01、VD02 的 DC5V 电压是否正常，检查 Q102、Z101 等元器件是

V_{CBO}	50	V
V_{CEO}	50	V
V_{EBO}	5	V
I_C	2	A
I_B	0.5	A
P_C	900	mW
T_j	150	℃
T_{stg}	−55～150	℃

NPN

E C B
TO-92MOD

图 4-18　2SC2655 技术参数

否有问题。

检测参考：实际维修中因三极管 Q102（9013）开路造成 VD02 无 DC5V 电压从而导致此故障，更换 Q102（9013）后故障即可排除。

（五）故障现象：美的 MXV-ZLP80F 型消毒柜按消毒键时石英加热器不工作，但黄色指示灯亮

元器件检测：重点检查 220V 交流供电控制驱动电路。通电并按消毒按键时测微处理器 IC1（SH69P20B0448-J）的 18 引脚输出电压是否正常（正常值为低电平，且有电压加到 VT2 管基极），检测臭氧发生器上的 220V 的交流电压是否正常，检查 KA2-I 常开触点是否闭合，检查石英加热器控制电路中 VT2、KA2 等元器件是否有问题。

检测参考：实际维修中因 VT2 三极管的发射极引脚锈断从而导致此故障，更换一只新的、同规格的 S8050 三极管故障即可排除。VT2 相关电路截图如图 4-19 所示。

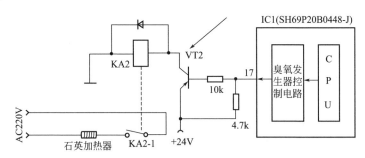

图 4-19　VT2 相关电路截图

（六）故障现象：美的 C20-SH2040 型电磁炉，加热几分钟后自动关机，随即停止加热

元器件检测：重点检查风扇驱动电路。首先检查风扇是否损坏，然后检查 U1

的 6 引脚电压是否正常（正常应为 5V），再检查 18V 供电压是否正常，最后检查风扇驱动电路（R20、R35、D3、Q5）是否正常。

检测参考：实际维修中多因 Q5 开路而引起此故障，更换 Q5 即可。风扇驱动电路截图如图 4-20 所示。

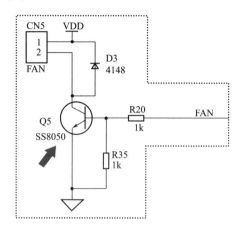

图 4-20 风扇驱动电路截图

（七）故障现象：三洋 IC-15YS 型电磁炉，不加热

元器件检测：重点检查 IGBT 管及其驱动电路。首先检查＋5V、＋12V、＋17V电压是否正常，再检查主基板上的 R7、R11、R56、R57 电阻是否开路，然后检查 U1D（LM339）及外围元器件 C23、C4 等是否有问题，最后检查 IGBT 管及其驱动电路 Q6、Q7 等元器件是否良好。

检测参考：实际维修中多因三极管 Q6、Q7 不良而引起此故障，更换 Q6、Q7 后即可。IGBT 管及其驱动电路部分截图如图 4-21 所示。

（八）故障现象：夏普 LCD-46GX3 型液晶电视，VIDEO 信号输入时屏幕无视频

元器件检测：重点检查视频信号输入。首先检测 IC3409（AVSWITCH）的 4 引脚是否有视频信号输入，然后检测 J3408 的 6 引脚和 IC3409 的 4 引脚之间的线路是否有问题，再检测 IC3409 的 38 引脚（视频信号输出）与 IC3002（IXC171WJZZQ）的 25 引脚（视频信号输入）是否正常和 IC3409 及其外围电路、Q3422/Q5216 及其外围电路是否有问题，最后检查 LVDS 电缆、LCD 控制器及外围电路是否有问题。

检测参考：实际维修中多因 Q5216（2SC3928AR）不良造成无视频信号输入从而引起此故障。测 IC3002 的 25 引脚无视频信号输入。2SC3928AR 技术参数如图 4-22 所示。

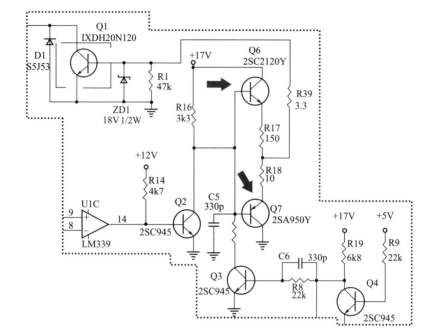

图 4-21 IGBT 管及其驱动电路部分截图

参数	参数值	单位
V_{CBO}	50	V
V_{CEO}	50	V
V_{EBO}	6	V
I_O	200	mA
P_c	200	mW
T_j	+150	℃
T_{stg}	−55～+150	℃

极性:NPN
封装:SC-59

图 4-22 2SC3928AR 技术参数

场效应管故障检测实训

（一）故障现象： TCLMS19C 机芯液晶电视，背光灯闪烁，不开机

元器件检测：重点检查 3.3V、12V 电压。首先开机检测 STB3.3V 电压是否正常，然后检测 12V 电压是否正常，再检查电感 L818、L819 和 Q808 场效应管是否有问题。

检测参考：实际检修中因场效应管 Q808（PMV65XP）漏电造成 3.3V、12V 电压失常，更换 Q808 即可。Q808 相关电路截图如图 4-23 所示。

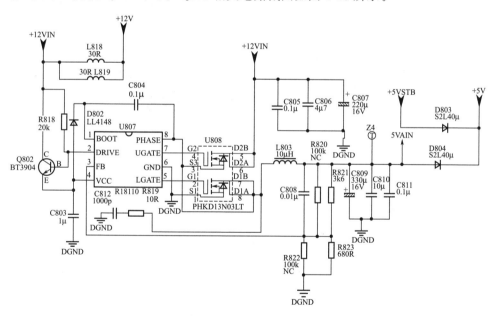

图 4-23　Q808 相关电路截图

（二）故障现象： TCL MS99 机芯液晶电视，通电后红灯亮，但不能开机

元器件检测：重点检查背光板（40-RT3210-DRE2XG）上的易损元器件。首先通电检测主板是否有开机信号送往电源板，然后检测电源板上 24V 输出电压是

否正常，再检查背光板上 U601（MAP3204）、三极管 Q601 等易损元器件是否损坏。

检测参考：实际维修中因背光板上 Q601（TK8P25DA）管损坏较常见。TK8P25DA 为 N 沟道场效应、$I_D = 7.5A$、$V_{DSS} = 250V$、$R_{DS(ON)} = 0.5\Omega$（$V_{GS} = 10V$）封装。应急时可用 K2645 代换。

（三）故障现象：澳柯玛电动车（通用型）打开电源开关，仪表灯亮，但转调速手把，电动机不转

元器件检测：该故障应重点检查控制器是否正常，具体拆开控制器检查 P60NF06 功率管是否损坏。

检测参考：相关资料如图 4-24 所示。更换损坏的一对 P60NF06 功率管，或采用 P60N06 功率管代换，即可排除故障。注意安装控制器应使用密封胶做好防水处理。

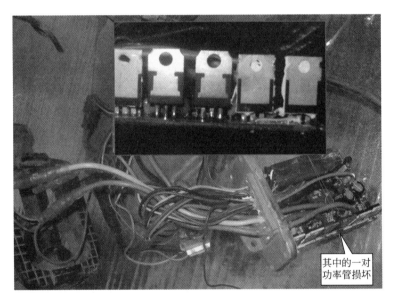

其中的一对功率管损坏

图 4-24　检查 P60NF06 功率管

（四）故障现象：奔腾 C21-PG14 型电磁炉，通电后无反应，+5V 输出电压偏低

元器件检测：重点检查 IGBT 管及 U1。首先观察熔丝管是否完好、电源线是否接好、排线是否装好，再检查 +18V、+5V 电压是否有输出，然后检查显示板部分是否短路（直接拔下连接排线，然后通电测试插座处 +5V 电压是否正常，电压正常则说明显示板部分故障），最后检查功率管 IGBT 是否击穿、稳压块 U3（78L05）是否有问题、主板芯片 U1（CHK-S007C）的 13 引脚电压是否

正常。

检测参考：实际维修中多因 IGBT 功率管击穿后导致主板芯片 U1 短路，造成 +5V 供电电压偏低而引起此故障。更换损坏元器件即可。

（五）故障现象：创维 8TTO 机芯液晶电视，通电后不能开机，电源指示灯不亮

元器件检测：重点检查电源板。首先拆开机器，检查电源板是否有问题；若查熔断器开路，则在路测电源前级是否有问题；若电源前级短路，则检查场效应管 Q7（500V/21A）是否损坏。

检测参考：实际检修中因场效应管 Q7、熔断器损坏而引起此类故障有所存在。若无同型号 Q7 时，可用同规格场效应管 2SK3528（500V/22A）替换。

（六）故障现象：康佳 LC26DT68 液晶电视，有雪花点，无图像

元器件检测：重点检查调谐电路。首先检测高频头是否有 5V 电压；若高频头无 5V 电压，则检测 N804 的 3 引脚电压是否正常；若 N804 的 3 引脚电压不正常，则检查 V807 的 S、G、D 极的电压是否正常；若 S、G、D 极的电压正常，则检查 V807。

检测参考：实际检修中，多因 V807 损坏较为常见。若 V807 损坏可用 A966 的三极管改装代替 PMV65XP 贴片场效应管。三极管的 B 极接场效应管的 G 极，E 极接 S 极，C 极接 D 极。V807 相关电路如图 4-25 所示。

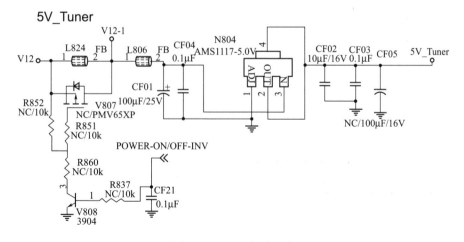

图 4-25　V807 相关电路

（七）故障现象：康佳 LC32FS81B 液晶电视，通电后绿灯亮，但不能开机

元器件检测：重点检查 5Vstb1 供电开关电路。出现此类故障时，首先检

查主板上＋3.3V、5Vstb供电压是否正常；若检测 V812 的 3 引脚无 5Vstb 电压输出，但 2 引脚有 5Vstb 电压、1 引脚有 0.058V 电压，则检查 V812 是否有问题。

检测参考：实际维修中因 5Vstb1 供电开关电路中 V812（PMV65XP）不良较常见。V812 相关电路及技术参数如图 4-26 所示。

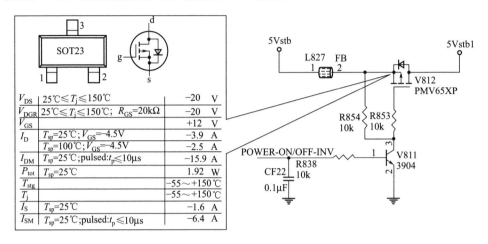

图 4-26　V812 相关电路图

（八）故障现象：苏泊尔 C21S02 型电磁炉，开机显示故障代码 "E0"，不能加热

元器件检测：重点检查 IGBT。首先检查 C1（2μF/275V）是否正常，再检查

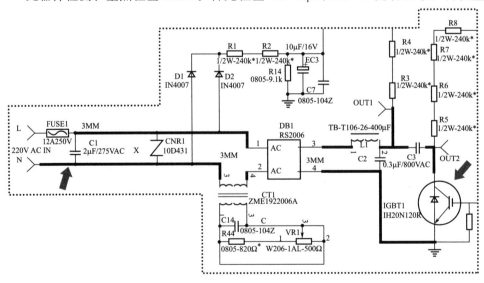

图 4-27　相关电路截图

R3～R8 是否正常，然后检查 LM339 是否损坏，最后检查 IGBT（H20R120）是否正常。

检测参考：实际维修中多因 IGBT 击穿、C1 炸裂而引起此故障，更换 IGBT、C1 即可。相关电路截图如图 4-27 所示。

晶闸管故障检测实训

（一）故障现象：爱玛电动车充电器指示灯亮，但不充电

元器件检测：该故障应拆开充电器进行检查，重点检查 BT151 晶闸管是否虚焊。

检测参考：该充电器型号为 SP120-48V，相关资料如图 4-28 所示。补焊 BT151 晶闸管，即可排除故障。BT151 为单向晶闸管，其 1～3 引脚一般 100Ω 左

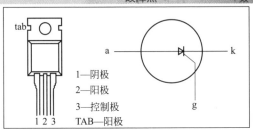

1—阴极
2—阳极
3—控制极
1 2 3   TAB—阳极

图 4-28　BT151 晶闸管实物及参数

右，正反向阻值一样，越好阻值越低，其他引脚正常阻值应为无穷大。

（二）故障现象：安吉尔 16LK-X 型饮水机无臭氧消毒，消毒指示灯 LED3 亮

元器件检测：重点检查臭氧控制电路。检查 C1 是否开路，VD4～VD7 是否良好，RS、R6 是否良好，VS（BT169D）是否有问题，C2 是否有问题，T 是否良好，O3 是否有问题。

检测参考：实际维修中因晶闸管 VS 击穿从而导致此故障，可用其他牌号参数为 1A/600V 的单向晶闸管更换。单向晶闸管（BT169D）的好坏可用万用表判别，其引脚排列为型号面自左至右分别为 K、G、A，用 $R \times 1$ 挡测量，黑表笔接 A 极，红表笔接 K 极，电阻值为无穷大；再将 G 极与 A 极碰触后即离开，A 极、K 极间有较大的电阻值，并保持不变，说明该管是好的。臭氧发生电路截图如图 4-29 所示。

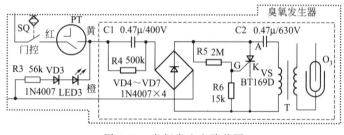

图 4-29　臭氧发生电路截图

（三）故障现象：长城 FS38-40 型落地扇强风挡不工作

元器件检测：重点检查电风扇电动机控制电路。检查电风扇电动机是否正常；加电后设置在强风挡，测量微处理器的 17 引脚输出电压是否正常，测双向晶闸管 VS4 触发极是否有相应的控制信号，检查双向晶闸管 VS4 是否损坏。

检测参考：实际维修中因双向晶闸管 VS4 损坏从而导致此故障，更换 VS4 即可。可用导线短接 VS4 的 T1 极和 T2 极，若电风扇电动机能转动说明双向晶闸管 VS4 损坏。VS4 相关电路截图如图 4-30 所示。

（四）故障现象：格力 KYTB-30B 型台式转页扇导风轮不转

元器件检测：重点检查同步电动机及其控制电路。通电用万用表测导风轮同步电动机两端是否有 220V 交流电压，同步电动机是否开路或损坏，线路板上控制同步电动机的 TR1 晶闸管是否良好，同步电动机引线是否虚焊或晶闸管三脚中任一脚虚焊。

检测参考：实际维修中因晶闸管 TR1（MAC97A6）内部损坏造成同步电动机两端无电压从而导致此故障。更换 TR1 故障即可排除。MAC97A6 技术参数如图 4-31所示。

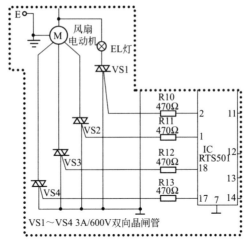

图 4-30　双向晶闸管 VS4 相关电路截图

参数	参数值	单位
V_{DRM}	400	V
$I_{T(RMS)}$	0.8	A
I_{TSM}	8.0	A
I^2t	0.26	A²s
V_{GM}	5.0	V
P_{GM}	5.0	W
$P_{G(AV)}$	0.1	W
I_{GM}	1.0	A
T_J	−40 to+110	℃
T_{stg}	−40 to+150	C

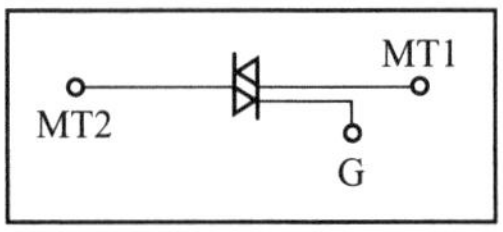

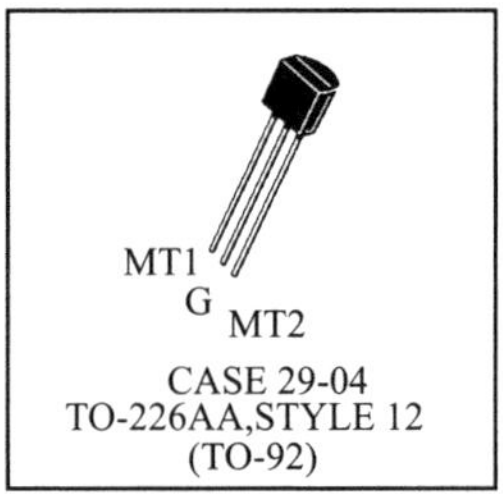

图 4-31　MAC97A6 技术参数

（五）故障现象：三洋 XQB60-88 型全自动洗衣机不能排水

元器件检测：重点检查排水控制电路。首先检测排水阀是否损坏，然后检查晶闸管 TRC3 是否有问题。

检测参考：实际维修中因 TRC3 损坏所致，换（或代换）晶闸管后密封防潮处理即可。更换双向晶闸管前，应该检查负载是否正常，防止双向晶闸管再次损坏。TRC3 相关电路如图 4-32 所示。

（六）故障现象：远华 FS-40KC 型遥控落地扇置于强挡时电风扇不转，其他挡正常

元器件检测：重点检查强挡控制电路。通电将电风扇置于强挡测量 IC1 的 4 引脚是否有−5V 电压输出，检查强挡控制电路 TR3、R16 等元器件是否有问题。

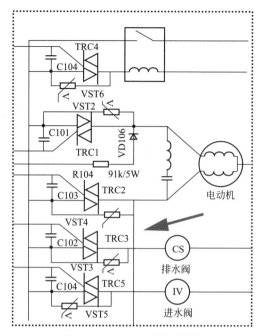

图 4-32　TRC3 相关电路图

检测参考：实际维修中因双向晶闸管 TR3 开路（测该管 T1、T2 极间的正、反向电阻均为无穷大）从而导致此故障，更换 TR3 故障即可排除。强挡控制电路部分截图如图 4-33 所示。

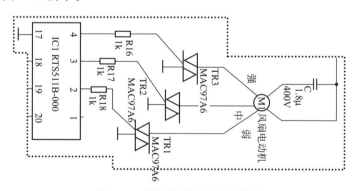

图 4-33　强挡控制电路部分截图

电感器故障检测实训

（一）故障现象：富士宝 IH-P300 型电磁炉屡损 IGBT 管与全桥

元器件检测：重点检查谐振电容、储能电感、主滤波电容等部分。打开机壳目测电路板上是否有异常元器件（如元器件烧黑，储能电感 L2、IGBT 管、全桥 BDD25SBA80、谐振电容虚焊等），检查谐振电容、主滤波电容 C22（4μF）是否失容，检查 IGBT 驱动电路中的驱动管是否存在短路，检查同步电路是否有问题，检查温度检测电路是否有问题。

检测参考：实际维修中因储能电感 L2 引脚虚焊从而导致此故障，重焊 L2 并更换 IGBT 管及全桥后故障即可排除。

（二）故障现象：海尔 C21-H1102 型电磁炉，通电后不能工作

元器件检测：重点检查电源部分。首先检查电源熔丝、大功率管 IGBT、整流桥堆是否正常，再检查＋300V、＋18V 电压是否正常，然后检查电源块 Viper12A 及其外围元器件是否损坏（在通电时，测其 Viper12A 的 1～8 引脚电压是否正常），最后检查电源部分是否异常。

检测参考：实际维修中多因电源部分的电感 L3 开路而引起此故障，更换电感 L3 即可。

（三）故障现象：康佳 LC-TM2018 型液晶彩电开机后"三无"，指示灯不亮

元器件检测：重点检查电源电路。先通电开机，测量 XS817 的 2 引脚有无 12V 电压输出。若无 12V 输出，则说明电源板有问题，可检查整流器 V901、N901 是否存在不良；若 V901、N901 无异常，则检查电源板输出滤波电容是否不良；若滤波电容无异常，则测 L817 两端的电压是否正常；若一端对地有 12V 电压，另一端无对地电压时，则说明电感 L817 开路。

检测参考：实际检修中因电感 L817 开路而引起此类故障有所存在。若更换新的电感 L817 后，故障仍未排除，则需更换电感 L814。由于电感 L814 开路后，CPU 就无法正常工作，导致上述故障的出现。

（四）故障现象：厦华 LC-27U16 液晶电视，少台或漏台

元器件检测：重点检查升压电路。首先检查高频头数据时钟脚、BT 电压、5V 供电是否正常；若 BT 电压仅为 8.45V（正常时为 32V），则检查 N503 的 8、3 引脚电压是否正常；若 8、3 引脚电压分别为正常的 9V 和 4.6V，则检查 V501（2SC2120）电压是否正常；若 V501 基极电压为 2.5V 正常、集电极电压为 9V（正常为 8V），则检查 V501 或周围的元器件是否有问题。

检测参考：实际维修中因 V501 周围的电感 L503（1000μH）不良较常见。该机 BT 的 32V 电压是由 N503（NE555）和 V501（2SC2120）组成的升压电路供给的。在升压电路上的电感检测方法与一般的电路电感不同，因为该电路的电感有阻容作用检修时一定要注意。

晶振故障检测实训

（一）故障现象：奥克斯 JZ-D2006 型电磁炉，开机后进行加热时显示 E0

元器件检测：重点检查 IGBT 管及驱动电路。首先检查 5V、18V 电压是否正常，再检查几个大电阻和几个大电容是否有问题，然后检查传感器、按键及风扇是否良好，最后检查 IGBT 管及其驱动电路是否有问题。

检测参考：实际维修中多因 IGBT 管损坏而引起此故障，更换 IGBT 管即可。

（二）故障现象：创维 42E70RG（8M70 机芯）液晶电视，黑屏，背光灯不亮，但声音正常

元器件检测：重点检查主板。首先检查主板背光控制信号输出电压是否正常，然后检查 LED 恒流驱动板是否有问题，再检查 CPU 供电和振荡晶振 Y901 是否正常。

检测参考：实际维修中多因 Y901 性能不良较为多见。振荡晶振可用主板常用的 18M 和 20M 卧式晶振直接替换。

（三）故障现象：方太 CXW-139-Q8x 型抽油烟机开机后电动机转速时高时低

元器件检测：重点检查控制电路。检测＋12V、＋5V 电压是否稳定，IC3 的 10、11 引脚是否输出稳定的电平，集成电路 IC3 工作是否正常，控制三极管 V4、V3 性能是否良好，继电器 K1、K2 是否良好。

检测参考：实际维修中因 IC3 外围晶振 XT（4M）内部失效从而导致此故障，更换晶振 XT 即可。

（四）故障现象：海尔 L29V6-A8K 液晶电视，有 VGA，没有视频

元器件检测：重点检查主控板。首先检查 U402（PI5V330）芯片是否正常；若芯片正常，则检查集成电路 U100（PW113）的 50 和 51 引脚工作是否正常；若 U100 工作正常，则检查集成电路 U400（VPC3230D）芯片及外围电路是否正常。

检测参考：实际检修中多因 U400（VPC3230D）外围晶振 X400（20.25M）不良较为常见。U400（VPC3230D）及外围相关电路截图如图 4-34 所示。

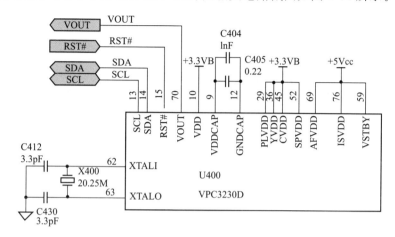

图 4-34　U400（VPC3230D）及外围相关电路截图

（五）故障现象：海信 TLM32V68C 液晶电视，无伴音，无图像，无光栅，但指示灯亮

元器件检测：重点检查晶振与主芯片 U41。首先开机检测 U41（MST6M16）主芯片供电压 1.3V 是否正常，若供电压正常，则检查 U5（1084-3.3）待机 3.3V电压是否正常；若电压正常，则检查晶振两端电压是否正常（正常值为 1.8V 和 1.50V）；若晶振两端电压正常，则检查晶振与主芯片 U41。

检测参考：实际检修中多因晶振 G6 不良较为多见。晶振 G6 相关电路截图如图 4-35 所示。

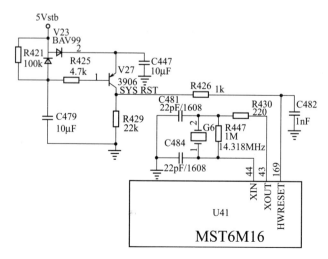

图 4-35　晶振 G6 相关电路截图

（六）故障现象：凯特 CFXB40-700 型微电脑电饭煲控制功能混乱

元器件检测：重点检查时钟振荡电路。通电用万用表测量微处理器 IC1 的 2、3 引脚电压是否正常（正常值为 2.6V、2.2V），检查 R5、R4、C5、C6、晶振 BUZ 是否有问题。

检测参考：实际维修中因晶振 BUZ 不良或损坏使 2、3 引脚电压失常导致微处理器内部电路工作不协调，从而导致此故障。时钟振荡电路截图如图 4-36 所示。

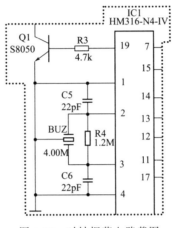

图 4-36　时钟振荡电路截图

（七）故障现象：尚朋堂 SR-1625A 型电磁炉，通电后无反应

元器件检测：重点检查 CPU 相关电路。首先检查 CPU 的 12 引脚 5V 电压是

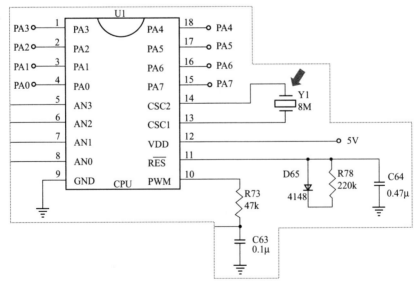

图 4-37　晶振 Y1 相关电路截图

否正常，再检查 CPU 的 5 引脚 SB 输出是否正常，最后检查 CPU 的 11 引脚复位、CPU 的 13 引脚与 14 引脚 8MHz 晶振是否正常。

检测参考：实际维修中多因晶振 Y1（8MHz）损坏而引起此故障，更换晶振即可。晶振 Y1 相关电路截图如图 4-37 所示。

课堂九

集成电路故障检测实训

（一）故障现象：澳柯玛 WQP4-5 型洗碗机按"启动/暂停"键后不能执行各程序

元器件检测：重点检查微处理器电源电路。通电测量稳压集成电路 IC5 的 3 引脚（输出端）是否为 5V，稳压集成电路 IC4 的 3 引脚（输出端）电压是否为 12V，IC4 的输入电压是否为 16V；检查 IC4、C3～C6、IC5、C7～C9 等元器件是否有问题。

检测参考：实际维修中因 IC4 内部电路损坏造成 IC5 的 3 引脚电压为 0V、IC4 的 3 引脚为 12V，从而导致此故障。更换 IC4（7812）后故障即可排除。IC4 相关电路截图如图 4-38 所示。

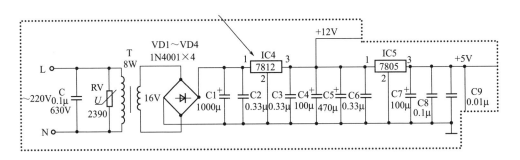

图 4-38　IC4 相关电路截图

（二）故障现象：长虹 KFR-40GW/BM 变频空调器，不开机，且显示故障代码为"室外 E2PROM 异常"

元器件检测：重点检查 EEPROM。首先检查 E2PROM 存储器 IC11（S2913ADP）的 3 引脚电压是否正常，然后检查主芯片 IC10 的 56、52 引脚是否有数据传输信号，再检查 IC11、IC10 及其外围元器件是否有问题。

检测参考：实际维修中因 EEPROM 不良较常见。更换 EEPROM 后故障即可排除。该机 EEPROM（IC11）是插在插座上，如该 IC 插座氧化也会引起此故障。

（三）故障现象：长虹 LT42710FHD（机芯 LS20A）液晶电视，通电指示灯亮，但不能二次开机

元器件检测：重点检查微处理器控制系统中。检修时，首先检测主芯片 U39（MST6M69FL）工作电压是否正常；若 U39 工作电压正常，则检查主芯片 U39（MST6M69FL）复位信号是否正常；若复位信号正常，则检查晶振是否正常；若晶振正常，则检查总线是否正常。

检测参考：实际检修中，多因主板上电源管理集成电路 U17（MP2359DJ-LF-Z）损坏。U17（MP2359DJ-LF-Z）为 DC-DC，主芯片（U39）核心供电 1.25V。

（四）故障现象：富士宝 IH-P10 型电磁炉通电后整机不工作

元器件检测：重点检查电源部分、微处理器电路。拆开外壳观察电路板上是否有异常元器件（如熔断管熔断发黑、电阻烧坏、元器件脱焊等）；测低压电源输出电压是否正常，检查低压电源电路元器件是否有问题；测 CPU（S3P9404DZZ）的 30 引脚是否有 5V 供电、7 引脚复位信号是否正常，检查芯片 KIA7033AP 是否有问题。

检测参考：实际维修中因芯片 KIA7033AP 损坏使 CPU 复位端 7 引脚无复位信号输入从而导致此故障。更换 KIA7033AP 后故障即可排除。KIA7033AP 集成电路是韩国 KEC 公司生产的 KIA7019-7045AP/AF/AT 系列电压检测器之一，用于供电压监测，一旦瞬间掉电即刻输出低电平信号，对 CPU 系统或其他逻辑系统实施精确复位。KIA7033AP 相关电路截图如图 4-39 所示。

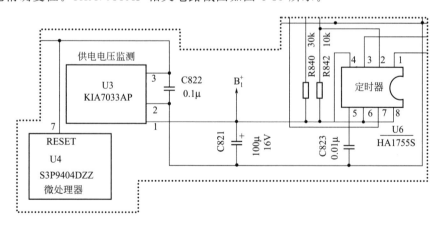

图 4-39　KIA7033AP 相关电路截图

（五）故障现象：格力 QG20B 型暖风机通电后电源指示灯亮，但电风扇不转，也不能加热

元器件检测：重点检查微处理器控制电路。测微处理器 IC2（BA8206BA4K）的供电压是否正常，晶振 B1 是否有问题，IC2 芯片本身是否有问题。

检测参考：实际维修中因 IC2 有问题从而导致此故障，更换 IC2 后故障即可排除。IC2（BA8206BA4K）为专用控制集成电路，其内置时钟振荡、控制、定时、指示和输出等单元电路。

（六）故障现象：康佳 LC32FS81B 液晶电视，有图像无伴音

元器件检测：重点检查伴音功放块。首先开机检查伴音功放块 N202（LA42205）集成电路是否正常，若集成电路 LA42205 已烧坏，则检查电源 12V 电压是否正常；若 12V 电压正常，则检查 LA42205 外围元器件是否正常。

检测参考：实际维修中因伴音功放块 LA42205 不良所致，更换 LA42205 即可。LA42205 及其外围元器件截图如图 4-40 所示。

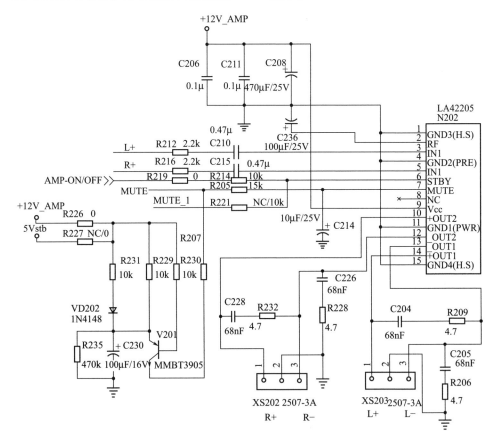

图 4-40　LA42205 及其外围元器件截图

（七）故障现象：美的 MB-FC4019 型全智能电饭煲通电后整机无反应

元器件检测：重点检查电源电路。检查温度熔断器是否熔断，用万用表检测

电源板上 5V 输出端电压与 12V 输出端电压是否正常，IC101（PN8112）相关引脚电压是否正常，IC101 及其外围 R105（2W/22Ω）、ZD101（11V 稳压管）、D104 等元器件是否有问题。

检测参考：实际维修中因 IC101 损坏从而导致此故障，更换 PN8112 即可。若无 PN8112 代换，可用常见的 VIPER12A 进行代换（VIPER12 外围结构与 PN8112 基本相似）。

（八）故障现象：容声 NSB-90 取暖器通电后整机不工作，但电源指示灯亮

元器件检测：重点检查微控制电路。检测主板上 5.1V 稳压管两端电压是否正常，测主芯片 BA8206BA4 的 18 引脚（地）与 14 引脚（VCC）之间是否有＋5V 电压，检查 455KHz 晶振是否正常，主控芯片 BA8206BA4 及外围元器件是否有问题。

检测参考：实际维修中因主控芯片 BA8206BA4 的 4、6 引脚外围 1H 指示灯短路从而导致此故障，更换 1H 指示灯故障即可排除。

（九）故障现象：三菱 MSZ-J12SV 挂式变频空调，开机后外机不工作，内机电源指示灯 2.5s 周期性闪烁，外机主板 LED 指示灯不亮

元器件检测：重点检测开关电源。首先检查室内外机连接导线是否正常，再检测外机主板 310V 主电压及 C881 两端电压是否正常，最后检查开关电源厚膜块 IC801（STR-10006）及其外围元器件是否有问题。

检测参考：实际维修中因开关电源厚膜块 IC801（STR-10006）损坏较常见。该机检测外机主板 310V 主电压正常，但 C881 两端无电压。若购不到 STR-10006，但更换整块主板费用又高，可用易购到的并联通用型电视机电源厚膜块代换 STR-10006。代换时红线接 STR-10006 的 3 引脚，黑线接 5 引脚，灰线接 2 引脚反馈端（具体接法，以厚膜块厂家为准，只要是 21 英寸通用电源厚膜块都能代换）。

（十）故障现象：厦华 LC-37HU25Y 液晶电视，不能开机，红灯亮

元器件检测：重点检查电源管理 IC。检查电源板各组输出电压是否正常；若有 5V 电压，其他各组电压均无，则检查主板上的 POWER 脚 5V 电压是否正常；若 POWER 脚电压为 0V，说明主板没有给电源板一个高电位的信号，此时检查电源管理 ICN102 及其外围元器件是否有问题。

检测参考：实际维修中因 N102 引脚虚焊较常见，重焊 N102 引脚即可。主板上的开关控制脚是由电源管理 ICN102 控制的，因 N102 没有正常工作，从而导致它无法发出一个控制信号给电源板，而使电源板不能正常工作。

高频头故障检测实训

（一）故障现象：长虹 LT42710FHD 型液晶电视机 TV 下无图像、无声音，也无雪花点，但 AV 正常

元器件检测：重点检测高频头输出电压。检测高频外围是否正常（包括总线和电源）、高频头是否正常。

检测参考：此例属于高频头失效，更换高频头即可。相关高频头截图如图 4-41所示。

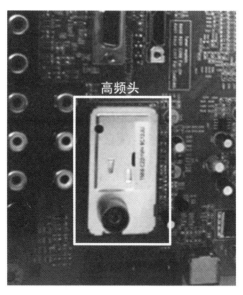

高频头

图 4-41　高频头截图

（二）故障现象：创维 42E30SW 型液晶电视机 TV 全部无台

元器件检测：重点检测高频头部分。检测解码部分是否正常、高频头 5V 电压供电是否正常、I^2C 总线是否有数据交换、高频头的 AGC 电路和 E^2 PROM 的写保护脚是否正常。

检测参考：此例属于高频头损坏，更换高频头后即可。

（三）故障现象：创维 55E82RD 型液晶电视机 TV 全部无台

元器件检测：重点检测 Tuner 视频信号。检测信号到主 IC 的射频电路是否正常及输入集成电路的匹配电阻、耦合电容是否虚焊、Tuner 的 I^2C 是否正常、总线的上拉电阻是否正常、高频头是否损坏。

检测参考：此例属于高频头损坏，更换高频头后即可。

（四）故障现象：海尔 LB37R3A 型液晶电视机 TV 无信号

元器件检测：重点检测高频头 5V 供电。检测总线是否正常、高频头是否正常、信号线路是否出错、主芯片是否损坏。

检测参考：此例属于高频头损坏，更换高频头后即可。

（五）故障现象：康佳 LC1520T 液晶彩电，输入 AV 信号时图声正常，但输入 TV 信号时无图无声

元器件检测：重点检查高频头组件及其外围电路。首先检测高频头的 4 引脚、5 引脚 I^2C 总线电压是否正常（正常应为 3.5V 左右）；若总线电压无异常，则测其 3 引脚电源供电压是否正常（正常应为 5V）；若电源供电压正常，则检查高频头组件的内部电路是否有问题。

检测参考：实际检修中因高频头组件有问题而引起此类故障有所存在。此机型常使用的高频头组件有两种，更换时需注意匹配 CPU 软件，避免更换新的高频头组件后故障依旧。且在更换时将其屏蔽接地线焊好，当在没有接地线的情况下通电试机，通常将导致新换的高频头组件损坏，在维修时应避免此类问题。

（六）故障现象：夏普 LCD-32Z100A 型液晶电视机接收 UHF/VHF 信号无视频

元器件检测：重点检测高频头（TU3401）的 17 引脚视频信号、IC801 的 96 引脚视频信号。检测高频头及外围电路是否正常、IC801 及其外围电路是否正常、主板是否损坏。

检测参考：此例属于高频头损坏，更换高频头后即可。

（七）故障现象：夏普 LCD-46G120A 型液晶电视机接收 UHF/VHF 信号无视频

元器件检测：重点检测高频头（TU1101）部分。检测 TU1101 及其外围电路是否正常、FL1101 外围电路是否正常、IC3301 及其外围电路是否正常、P2601 外围电路是否正常、主板是否损坏。

检测参考：此例属于 TU1101 损坏，更换 TU1101 后即可。相关 TU1101 电路截图如图 4-42 所示。

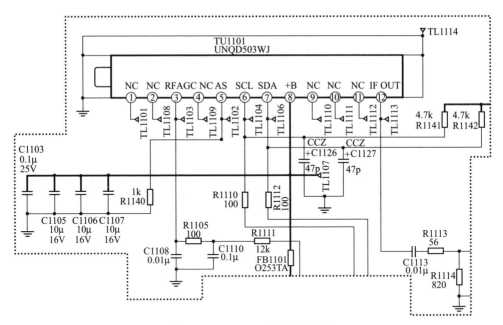

图 4-42　TU1101 相关电路截图

课堂十一

压缩机故障检测实训

（一）故障现象：海信 KFR-7001LW/BP 变频空调器，通电开机后整机不工作

元器件检测：重点检查压缩机。首先检查室内机 L、N 端子电压是否正常、室内外接线端子是否正常，然后检查室内机板电源电路是否有问题，再检查压缩机连机线 U、V、W 是否有问题、压缩机线与室外机机壳（即地线）阻值是否正常。

检测参考：实际维修中因压缩机连机线烧坏而引起此类故障较常见。更换压缩机连机线，并清洗冷凝器后故障即可排除。若要判断压缩机线圈（开路或短路）故障，需要打开接线盖，直接测量压缩机接线端子。

（二）故障现象：美的 KFR-72LW/BP2DY-E 变频空调，开机运行过程中，整机频繁出现 P2 代码

元器件检测：重点检查压缩机。首先检查室外电控板是否有问题，再检查压缩机顶部温度保护器是否有问题。然后检查压缩机连接线是否有问题。

检测参考：实际维修中因压缩机顶部温度保护器有问题而引起此故障较常见。该机卸下室外机顶盖，将压缩机顶部温度保护插头从电控板插座上拔下，将电控顶部温度保护的插座短接，然后接上变频检测小板，上电开机，发现整机运行正常，且也无 P2 代码，故确定故障点在压缩机顶部温度保护上。

（三）故障现象：扬子 BCD-205 型电冰箱，冷冻室不结霜，冷凝器微热，可听到制冷剂流动声。 但冷冻室与冷藏室不够冷

元器件检测：重点检测电冰箱压缩机，先检查系统制冷剂是否足够。方法是：割开压缩机的维修管，发现有较多的制冷剂排出，说明制冷剂基本足够。再检查压缩机的压力是否足够。方法是在维修管上焊上一根干燥过滤器，在高压管上接上压力表，开启压缩机几分钟后测得其压力只有 0.08MPa，压力偏低（正常应加到 0.15～0.25MPa）。说明压缩机内部阀门磨损漏气。

检测参考：压缩机维修管实物见如图 4-43 所示。此机为 R134a 制冷剂的压缩机，若为 R600a 制冷剂的压缩机，则其压力为负压，一般 R600a 制冷剂的正常低压压力为 -0.04～-0.05MPa，高压压力为 0.5～0.6MPa。

图 4-43 压缩机维修管实物

四通阀故障检测实训

（一）故障现象：格力 KFR-32GW/Q（32550）FdNA1-N4 变频空调器，可以制冷，但不能制热

元器件检测：重点检查四通阀。首先在制热状态下，用万用表交流电压挡检测四通阀两条连接线之间的电压，测试点为 4V 与 AC-L2。如果 4V 与 AC-L2 之间无 220V 电压，则说明外机控制器有故障，需要更换外机控制器；若有 220V 电压，则断电拔下两条四通阀连接线，然后用万用表检测两条四通阀连线之间的电阻值是否为 $1\sim2k\Omega$；若阻值太大，则说明四通阀线圈存在开路的故障，更换四通阀线圈。

检测参考：此故障一般是因外机控制器、四通阀、继电器 K2 触点粘连所致，可用万用表进行判断。能够制热，但不能制冷，一般是由于外机控制器四通阀继电器 K2 触点粘连所致。

（二）故障现象：海信 KFR-3066GW/BP 变频空调器，制冷正常，但不能制热

元器件检测：重点检查四通阀与其控制电路。首先检测微处理器 IC01 的 51 引脚（四通换向阀控制信号输出端）是否有高电平输出、反相驱动器 IC07 输出端是否有低电平，再检查四通换向阀是否有问题。

检测参考：实际维修中因四通换向阀本身损坏较常见。由于该机制冷正常，说明微处理器 IC01 组成的控制系统的工作基本正常，这种故障通常都与四通换向阀本身或其控制电路有关。

（三）故障现象：美的 KFR-32GW/BP2DY-H4 变频空调器，制热效果差

元器件检测：重点检查四通阀、压缩机。首先检查室外电控、压缩机是否有问题，然后检查室温传感器、单向阀组件是否有问题，再检查四通阀是否有问题。

检测参考：实际维修中因四通阀有问题而引起此故障较常见。更换四通阀，抽真空、充氟开机后故障即可排除。该机用手摸四通阀几个接管均没温差，故断定故障点在四通阀上。

（四）故障现象：志高 KFR-28GW/MDBP 变频空调，不制热，但能制冷

元器件检测：重点检查四通阀。首先检查遥控器的设定温度是否大于室内温度，再检查四通阀是否正常（在开机时，用万用表测量室外芯片四通阀引脚的电位是否正常；若为低电位，则说明四通阀无电，此时检查室外机控制板），然后检查室外机控制板是否有问题。

检测参考：实际维修中因四通阀线圈有问题较常见。用万用表检测四通阀线圈的阻值不正常（正常时应为 1300Ω），则说明四通阀有问题，应更换四通阀。

进/排水电磁阀故障检测实训

（一）故障现象：LGWD-A1222AD 全自动滚筒洗衣机，不进水

元器件检测：重点检查进水阀、电脑板组件。检查压力管及其连接管是否被异物堵塞、进水阀滤网是否阻塞、进水阀是否有问题（测进水阀芯部间电阻值是否在正常的 $2\sim8k\Omega$ 之间，否则更换进水阀）、电脑板组件是否有问题（测进水阀两个端子间电压是否为 $220\sim240V$，否则更换电脑板组件）。

检测参考：测进水阀芯部间电阻如图 4-44 所示。

测进水阀芯部间电阻值

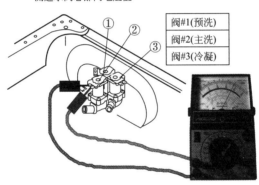

阀#1(预洗)
阀#2(主洗)
阀#3(冷凝)

图 4-44　测进水阀芯部间电阻值

（二）故障现象：LGWD-N10300DJ 全自动滚筒洗衣机，不进水

元器件检测：重点检查进水部分。检查水源是否有问题、压力管及其连接管是否被异物堵塞、进水阀滤网是否堵塞、进水阀芯部间电阻值是否在 $2\sim8k\Omega$ 之间、进水阀每个端子间电压是否在 $220\sim240V$ 之间、电脑板组件是否有问题。

检测参考：实际维修因进水阀有问题较常见。进水阀相关电路如图 4-45 所示。

（三）故障现象：澳柯玛 WQP4-3 型洗碗机不进水

元器件检测：重点检查进水电路。检查水龙头是否未打开、进水软管打结或

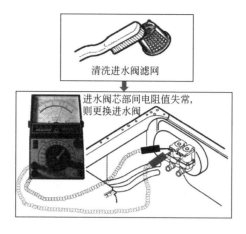

图 4-45　进水阀相关部分

被挤压；接插件 3H1、3H2 及触点 5c-a 或 SL1 的 COM3、NC3 及 COM1、NC1 是否接触不良；YV 电磁线圈是否开路、局部短路（YV 正常阻值约 5kΩ），或阀芯卡滞不能活动。

　　检测参考：实际维修中因进水电磁阀线圈烧断（测量进水电磁阀 YV 两端电阻为无穷大），使 YV 阀门打不开而导致此故障。用洗衣机专用的进水电磁阀替代后故障即可排除。

（四）故障现象：海尔 XQB50-7288A 波轮全自动洗衣机，不进水

　　元器件检测：重点检查进水阀与电脑程控器。检查进水阀过滤网处是否有异物、进水阀端子（蓝线和灰线两端、蓝线和绿白线）电压、电脑程控器输出两端电压（包括绿白线和灰线）、进水阀与电脑程控器是否有问题。

　　检测参考：实际维修中因进水阀损坏较常见。进水阀如图 4-46 所示。

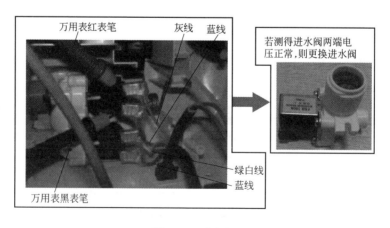

图 4-46　进水阀

（五）故障现象：海信 XQB75-V3705HD 变频波轮全自动洗衣机，不排水

元器件检测：重点检查排水阀、牵引器。检查排水阀内与排水管内是否有异物堵塞、牵引器动作是否正常、排水泵有问题、印制电路板是否有问题。

检测参考：实际维修中因排水阀有问题较常见。排水阀组件如图 4-47 所示。

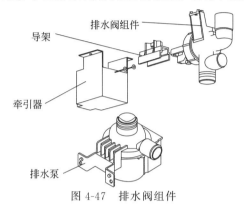

图 4-47　排水阀组件

（六）故障现象：三洋 XQG62-L703 滚筒全自动洗衣机，不排水，显示 E12

元器件检测：重点检查排水相关部分。检查排水管路是否堵塞、电脑板白色 4

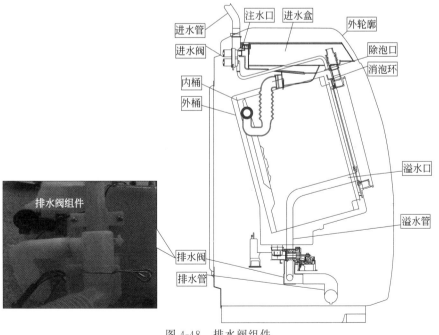

图 4-48　排水阀组件

芯供电端子是否脱落、排水阀内是否异物或排水阀是否有问题、电脑板是否有问题。

检测参考：实际维修中因排水阀有问题较常见。排水阀组件如图 4-48 所示。

电动机故障检测实训

（一）故障现象：LG WD-N10300DJ 全自动滚筒洗衣机，异音

元器件检测：重点检查电动机组件。主要检查电动机螺栓是否松动、是否为电动机摩擦噪声（查定子或电动机组件）。

检测参考：实际维修中因电动机螺栓松动较常见。电动机组件如图 4-49 所示。

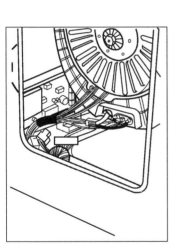
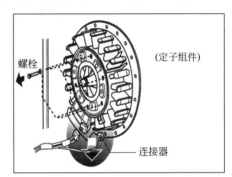
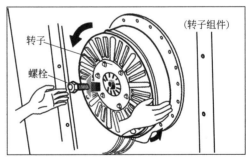

图 4-49　电动机组件

（二）故障现象：澳柯玛 WQP4-3 型全自动洗碗机工作时不排水

元器件检测：重点检查排水电路。检查插接件 481、触点 7c-b 接触是否良好，测量排水电动机 M3 运行绕组电阻值是否正常，泵叶轮是否松脱等。

检测参考：实际维修中因水泵电动机 M3 烧坏（测 M3 运行绕组电阻值为无穷大）从而导致此故障，更换电动机 M3 即可。

（三）故障现象：比德文电动车（简易款）打开电门锁，转动调速手柄，电动机不转

元器件检测：该故障应重点电动机。可用万用表测量电动机两根引线的电阻，若阻值较大且不稳定，则说明电动机已损坏。

检测参考：该车为比德文 BF222 型电动自行车，采用常州裕成 14in/350W 无刷电动机，可采用如图 4-50 所示的同类型电动机更换，即可排除故障。需要注意的是，无刷电动机总共有八根引出线，包括三根线圈引线和五根霍耳引线。这八根引线必须与控制器的相应引线一一对应，否则电动机不能正常转动。

图 4-50　14in/350W 无刷电动机

（四）故障现象：长虹 XPB75-588S 型洗衣机不脱水

元器件检测：重点检查电动机。首先检查传动带是否松弛，然后检测脱水电动机上电源电压及阻值是否正常，再检测脱水定时器是否损坏。

检测参考：实际维修中因脱水电动机损坏所致。用万能表测脱水电动机上三条线的阻值，有阻值的就是好的，没阻值就是坏的。

（五）故障现象：格力 KFR-35GW/K（35556）FdA1 变频空调器，外风扇电动机不运转

元器件检测：重点检查风扇电动机。拔出风扇电动机的红色线、棕色线、黑色线，然后用万用表电阻挡测试红、棕、黑三线两两间的电阻是否正常；若阻值异常，则检查其是否开路或内机是否损坏。检测风扇电动机阻值是否正常；若风扇电动机阻值不正常，则更换风扇电动机；若阻值正常，则检查外机控制器。

检测参考：实际维修中因风扇电动机本身有问题的较常见。风扇电动机红、棕、黑三线两两间的电阻值一般为几百欧。

（六）故障现象：海尔 XQG50-B10866 型变频滚筒洗衣机，显示故障代码"Err7"

元器件检测：重点检查电动机及驱动板。首先检查电动机插线、电感插线是否插好，若正常，则检查电动机是否故障；若电动机良好，则检查电脑板输入端是否有 $220\sim240\text{V}$ 电压；若输入端电压正常，则检查驱动板是否故障。

检测参考：实际检修中多因电动机故障较为常见。判断电动机是否故障的方法：关机，断电至少 1min 后拆下电动机，并保持插线连接。再通电试运行，观察电动机电脑板上的指示要是否为 0.5s 亮，0.5s 灭（慢闪）。若是，则说明电动机良好；反之，则说明电动机故障。

（七）故障现象：家佳 YBD60-100A 型电压力锅通电并转动定时器各挡后不计时

元器件检测：重点检查定时电路、定时电动机 M。检查定时开关通断性能是否良好，用万用表测量定时电动机 M 的阻值是否约为 $9.5\text{k}\Omega$。

检测参考：实际维修中因定时电动机损坏（此时电动机 M 的阻值为无穷大）从而导致此故障，更换定时电动机 M 故障即可排除。

（八）故障现象：金泰昌 TC-9018F 型足浴盆不加热

元器件检测：重点检查加热管、水泵电动机。检查加热管是否正常（可用万用表检测其电阻值），检查水泵电动机是否有问题，检查超温保护器是否有问题。

检测参考：实际维修中因水泵电动机处有异物卡住从而导致此故障。将异物取出故障即可排除。水泵电动机（如图 4-51 所示）拆解方法：拆下固定的 4 颗螺钉，稍抬起一点，盖与泵体是对正槽位，顺时针旋转约 15°卡紧；稍用力，逆时针转一点就分开了。

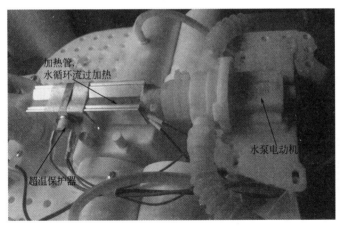

图 4-51　水泵电动机的位置

（九）故障现象：立马 A8 超强核磁动力电动车打开电门锁，转动调速手柄，电动机不转

元器件检测：该故障应重点检查电动机是否正常，可用万用表测量电动机

两根引线的电阻（如图 4-52 所示），若阻值较大且不稳定，则说明电动机已损坏。

若测得引线阻值大，且不稳定，则可断定电动机可能已损坏

图 4-52 测量电动机两引线阻值

检测参考：电动机损坏后，更换同类型电动机即可。

（十）故障现象：绿源电动车（通用型）打开电门锁后，电动机不转

元器件检测：此类故障应重点检查电动机是否损坏，具体检查电动机线圈是否断路。

检测参考：该车电动机为 48V/350W，电动机绕组展开图如图 4-53 所示。重新绕制电动机线圈或更换新的同型号电动机，即可排除故障。该车电动机为 36 槽楔，槽开口在外，下线方便，可直接在铁芯上绕制。

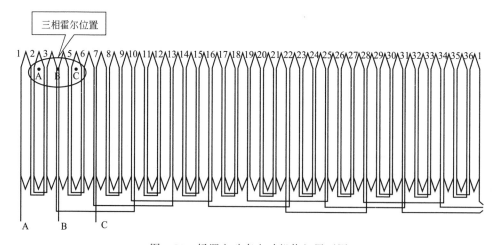

图 4-53 绿源电动车电动机绕组展开图

（十一）故障现象：欧派电动车（豪华款）电动机不转

元器件检测：重点检查霍尔元器件是否烧坏，造成缺相所致。检修时用万用

表分别测量霍尔输出引线（黄、蓝、绿）与霍尔电源线（红色）和霍尔地线（黑色）的电阻，若三相中有阻值差异比较大的，即该相霍尔坏。

检测参考：电动机霍尔元件如图 4-54 所示。卸下轮毂电动机，更换电动机或霍尔元件即可排除故障。需要注意的是：更换霍尔前，须弄清楚电动机的相位角是 120°还是 60°（即中间霍尔字面朝上还是朝下）；为保证电动机换相的精确，一般建议同时更换所有的三个霍尔元件；霍尔引脚与冲片不接触；霍尔安装入槽，三个霍尔必须平行，不得倾斜；胶水不溢出霍尔槽（建议使用 AB 胶，不使用 502 胶）。

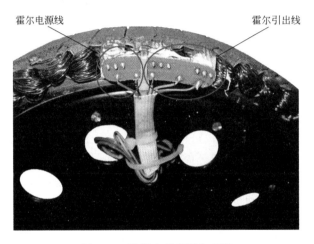

图 4-54　酷派电动车霍尔元件

（十二）故障现象：松下 C21-SDHC04 型电磁炉，使用中突然终止加热

元器件检测：重点检查风扇电动机。首先检查四周环境的温度是否很高，再观察吸气口、排气口是否堵塞，然后检查风扇电动机及其驱动电路是否有问题，最后检查锅底下的温度传感器是否良好。

检测参考：实际维修中多因风扇电动机本身问题而引起此故障，更换风扇电动机即可。

（十三）故障现象：松下 NN-K583JF/MF 型微波炉，转盘电动机不转

元器件检测：重点检查转盘电动机。首先检查转盘电动机的接线是否开路或松动，若转盘电动机的接线未开路或松动，则检查转盘电动机是否失灵。

检测参考：实际检修中多因转盘电动机失灵较为常见。当更换、安装完新的转盘电动机并重新连接好导线后，需将转盘电动机盖旋转 180°，将插片插入定位孔中，并用螺钉将转盘电动机盖紧固在底板上。

（十四）故障现象：万家乐 WQP-900 型洗碗机不能排水

元器件检测：重点检查排水泵、排水管路。检查排水管路或排水泵是否堵塞、排水电动机是否损坏，排水泵电风扇是否被异物卡住。

检测参考：实际维修中因排水电动机转轴严重生锈，用手拨动转轴有较大阻滞感。拆下电动机，取出转子，用汽油清洗干净转轴上的锈迹，涂上适量优质凡士林，安装复原后试机，故障即可排除。

（十五）故障现象：志高 KFR-35GW/MDBP 变频空调器，导风板不摆动、运转不畅

元器件检测：重点检查电动机。首先检查导风板是否正常，然后检查电气连接是否不导通（如查电动机的插头与控制基板插座连接是否良好、是否氧化等）及电动机传动部分是否有问题，再检查控制电路是否有问题（可将电动机的插头插到控制板上，分别测量电动机工作电压及电源线与各相之间的电压是否正常来判断），最后检查线圈是否损坏（可用万用表测量每相线圈的电阻值是否正常；若阻值太大或太小，则判定为线圈已损坏）。

检测参考：实际维修中因步进电动机传动部分打齿较常见。5V 电动机每相阻值为 $70\sim100\Omega$、12V 电动机每相电阻为 $200\sim400\Omega$。检查电动机传动部分卡住或打齿时，可用手旋转电动机看齿轮是否灵活运转；若有死点，则说明传动部分有杂物；若有跳齿或空转现象，则说明该电动机有严重打齿现象。

（十六）故障现象：志高 KFR-51LW/X1DBP 变频空调，制冷和制热时室内风扇电动机都不能运转

元器件检测：重点检查风扇电动机及其控制电路。首先检查风扇电动机插座是否松动或松脱、风扇电动机是否被异物卡住，然后用万用表检测室内风扇电动机绕组是否正常，再检查风扇电动机驱动芯片是否有问题，最后在开机状态下用万用表交流电压挡检测室内机风扇电动机电压是否正常、风扇电动机电容器是否损坏。

检测参考：实际维修中因电动机轴承与贯流风扇接触处被异物卡住较常见。在维修时一定要仔细分析，层层排除，如果检修思路不对，就会造成不必要的浪费（如一碰到电动机不转就更换控制板或电动机）。

磁控管故障检测实训

（一）故障现象：LGMG-5018MWR 无转盘式电脑控制型微波炉通电后熔丝即熔断

元器件检测：重点检查磁控管与高压电容器。高压电容器漏电、磁控管灯丝对机壳短路。拔下变压器二次侧高压电容器连接点插头后，用一只 10A 熔丝代换，试机，故障消失，由此说明高压电路有故障。

检测参考：实际维修中因磁控管灯丝对其壳体本身短路，更换同型号的磁控管，故障即可排除。

（二）故障现象：LGMG-5031D 微波炉能加热，但加热缓慢

元器件检测：重点检查磁控管。首先检查电源线路正常，再检测磁控管灯丝、阳极的供电压是否正常。若测量供电压过低，则检查磁控管灯丝引脚及其接插片是否接触不良；若测量供电压正常，则检查磁控管是否衰老，此时可测量磁控管灯丝电阻是否正常及查看磁钢是否裂开等方法进行确认。

检测参考：实际检修中，磁控管衰老的故障较为常见。

（三）故障现象：格兰仕 G80Q23YSP-V99 光波/微波炉开机后烹调食物不熟

元器件检测：重点检查磁控管、高压二极管及电容。首先检查市电压是否太低，若正常，则检查磁控管是否存在损坏或开路；若没有，则检查高压电容器是否失容；若没有，则检查高压二极管正向电阻是否增大。

检测参考：实际检修中，磁控管开路、磁控管内部打火和磁控管老化而引起本例故障的较为常见。

（四）故障现象：格兰仕 WD900Y（WD900Y₁SL23）电脑式微波炉不能加热

元器件检测：重点检查磁控管。首先打开机壳，检查电源熔丝是否正常；若正常，则检查高压熔丝、高压二极管等是否正常；若高压熔丝熔断、高压二极管击穿，但更换后通电仍不能加热，则检查磁控管是否正常。

检测参考：实际检修中，磁控管损坏的故障较为常见。更换磁控管的时候尽量请专业人员来操作，第一注意的应该是"断电操作"。因为驱动磁控管一共有两路电压：一路是低压的，驱动灯丝的；另一路是高压的，是引起 π 模场激发高频电磁波的。其次，在更换之前尽量核对灯丝电压、高压以及工作频率这三个重要参数。

（五）故障现象：松下 NN-GT567M 型微波炉，微波输出过低，烹调所需时间过长

元器件检测：重点检查磁控管。首先检查电源电压是否降低，若电源电压正常，则检查磁控管丝极终端是否开路或松动；若磁控管丝极终端未开路或松动，则检查磁控管是否有问题。

检测参考：实际维修中因磁控管阻流线圈断线所致，更换磁控管后故障排除。

臭氧发生器故障检测实训

（一）故障现象：格力 ZTP75A 型消毒柜不能臭氧消毒

元器件检测：重点检查臭氧发生器 ZY、开关 K3。按下臭氧消毒开关 K3 后，观察 DL2 是否点亮；若 DL2 不能点亮且臭氧发生器也不能产生臭氧（即无高压泄放的"嗞嗞"声），则查 K3 触点是否氧化或开路；若 DL2 能点亮，则检查高压放电腔中有无杂物将高压极间形成短路、臭氧发生器有故障。

检测参考：实际维修中因臭氧发生器 ZY 短路从而导致此故障。更换臭氧发生器故障即可排除。

（二）故障现象：佳意 YSX-H2 型饮水机臭氧消毒效果差

元器件检测：重点检查臭氧管及臭氧发生器相关电路。通电用测电笔尖接触脉冲升压器次级绕组 L2，若测电笔辉光很暗或不亮，则检查 VD6、R6、R7、VS、C、T 等元器件；若测电笔辉光正常，则检查臭氧管是否老化、漏气。

检测参考：实际维修中因臭氧管老化从而导致此故障，更换臭氧管后故障即可排除。

（三）故障现象：康宝 ZTP-70B 型消毒柜不能臭氧消毒

元器件检测：重点检查臭氧发生电路。HL2 灯不亮不能臭氧消毒，则检查 SB3 是否接触良好、臭氧发生器电源线是否脱落；HL2 亮不能臭氧消毒，则检查 C1、C2 是否开路失效，VD1～VD4 是否开路，R1、R2 是否开焊，VS 是否开路损坏，T 初级或次级绕组是否断线，臭氧放电管是否损坏。

检测参考：实际维修中因臭氧放电管损坏从而导致此故障，更换臭氧放电管即可。臭氧发生电路截图如图 4-55 所示。

（四）故障现象：容声 ZLP78-W1 型消毒柜不能臭氧消毒

元器件检测：重点检查臭氧消毒电路。检查 SB2 触点是否接触良好，K2 及触点 K2-1 是否接触良好，臭氧发生器 O3 与臭氧门控开关 SQ 是否有问题。

检测参考：实际维修中因 O3 内部断路或元器件损坏从而导致此故障。由于

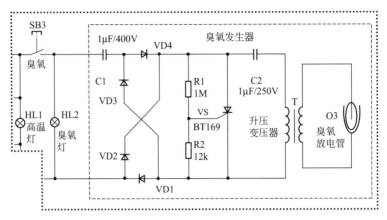

图 4-55　臭氧发生电路截图

O3 元器件装在塑料盒子内,并用环氧树脂封固不易拆修,建议用同型号臭氧发生器更换为宜。